Kleintiere stressarm behandeln

Handling – Beratung – Praxisgestaltung

Barbara Schneider
Dorothea Döring
Daphne Ketter

70 Abbildungen

Georg Thieme Verlag
Stuttgart • New York

Bibliografische Information der Deutschen Nationalbibliothek
Die Deutsche Nationalbibliothek verzeichnet diese Publikation in der Deutschen Nationalbibliografie; detaillierte bibliografische Daten sind im Internet über http://dnb.d-nb.de abrufbar.

Ihre Meinung ist uns wichtig! Bitte schreiben Sie uns unter:
www.thieme.de/service/feedback.html

Rüdigerstr. 14
70469 Stuttgart
Deutschland

www.thieme.de

Printed in Germany

Redaktion: Dipl.-Biol. Anne-Kathrin Janetzky, Dresden
Zeichnungen: Abb. 1.1 und Merkblätter im Anhang:
Karin Baum, Paphos, Zypern;
Tiergrafiken: Dr. med. vet. Dorothea Döring, München
Umschlagfotos: Thieme Gruppe
Fotos: Fotolia@kerkezz; Fotolia@YakobchukOlena;
Stephan Vollmar, München.
Satz: L42 AG, Berlin
Druck: Grafisches Centrum Cuno GmbH, Calbe

DOI 10.1055/s-0044-101851

ISBN 978-3-13-242300-8 1 2 3 4 5 6

Auch erhältlich als E-Book:
eISBN (PDF) 978-3-13-242301-5
eISBN (epub) 978-3-13-242302-2

Wichtiger Hinweis: Wie jede Wissenschaft ist die Veterinärmedizin ständigen Entwicklungen unterworfen. Forschung und klinische Erfahrung erweitern unsere Erkenntnisse, insbesondere was Behandlung und medikamentöse Therapie anbelangt. Soweit in diesem Werk eine Dosierung oder eine Applikation erwähnt wird, darf der Leser zwar darauf vertrauen, dass Autoren, Herausgeber und Verlag große Sorgfalt darauf verwandt haben, dass diese Angabe **dem Wissensstand bei Fertigstellung des Werkes** entspricht.
Für Angaben über Dosierungsanweisungen und Applikationsformen kann vom Verlag jedoch keine Gewähr übernommen werden. **Jeder Benutzer ist angehalten**, durch sorgfältige Prüfung der Beipackzettel der verwendeten Präparate und gegebenenfalls nach Konsultation eines Spezialisten festzustellen, ob die dort gegebene Empfehlung für Dosierungen oder die Beachtung von Kontraindikationen gegenüber der Angabe in diesem Buch abweicht. Eine solche Prüfung ist besonders wichtig bei selten verwendeten Präparaten oder solchen, die neu auf den Markt gebracht worden sind. **Jede Dosierung oder Applikation erfolgt auf eigene Gefahr des Benutzers.** Autoren und Verlag appellieren an jeden Benutzer, ihm etwa auffallende Ungenauigkeiten dem Verlag mitzuteilen.
Vor der Anwendung bei Tieren, die der Lebensmittelgewinnung dienen, ist auf die in den einzelnen deutschsprachigen Ländern unterschiedlichen Zulassungen und Anwendungsbeschränkungen zu achten.

Vorwort

Für viele Tiere ist der Besuch beim Tierarzt mit Angst und Stress verbunden. Diese Belastungen lassen sich jedoch vermeiden oder zumindest reduzieren, was aus Tierschutzgründen anzustreben ist. Aber auch aus betriebswirtschaftlichen Gründen ist es sinnvoll, den Aufenthalt in einer Tierarztpraxis oder Tierklinik so angenehm wie möglich für Patienten und Besitzer zu gestalten. Denn je wohler sich das Tier beim Tierarzt fühlt, desto eher wird der Besitzer mit ihm auch wieder dorthin zurückkehren. Nicht zuletzt wird der Praxisalltag auch für Tierärztinnen und Tierärzte sowie das Personal angenehmer, entspannter und sicherer. Durch eine Anpassung der Praxis und der Abläufe an die Bedürfnisse der Tiere, durch eine adäquate Beratung der Besitzer und eine sinnvolle Vorbereitung kann man auch im hektischen Praxisalltag einiges erreichen.

Wir möchten daher mit diesem Buch allen praktizierenden Kolleginnen und Kollegen eine einfache Hilfe an die Hand geben, um mit leicht umsetzbaren Maßnahmen eine deutliche Stressreduktion bei der Behandlung zu erreichen. In diesem Buch, das auf unserer jahrelangen Erfahrung in den Bereichen Verhaltenskunde und Tierschutz basiert, zeigen wir daher, dass oft schon durch einfache Veränderungen ein deutlich entspannteres Arbeiten mit den tierischen Patienten möglich sein kann. Zusätzlich informieren wir auch darüber, wie man erkennen kann, ob ein Patient gestresst ist oder Schmerzen hat.

Wir hoffen, dass dieses Buch dazu beiträgt, den Tierarztbesuch nicht nur für Besitzer und Tierärzte, sondern vor allem für die Tiere angenehmer zu gestalten.

Es war uns ein ganz besonderes Anliegen, dieses Buch zu schreiben, und wir wollen uns in erster Linie ganz herzlich bei Frau Dr. Sandra Schmidt bedanken, die das Projekt sofort unterstützt hat, und uns in ihrer kompetenten, freundlichen und vor allem geduldigen Art betreut hat. Auch Frau Désirée Schwarz gilt unser Dank für die weitere, wunderbare Begleitung des Buches.

Zu guter Letzt möchten wir noch all den anderen Menschen danken, die maßgeblich dazu beigetragen haben, dass dieses Buch in der vorliegenden Form möglich gemacht wurde. Wir bedanken uns zunächst ganz herzlich bei unseren Fotografinnen und Fotografen Dr. Ilona Backofen, Britta Brandl, Jane Englmeier, Sandra Pedretti, Dr. Maria Stobbe, Stephan Vollmar und Dr. Pia Zausinger für ihre anschaulichen Fotos. Wir bedanken uns außerdem sehr bei Herrn Prof. Rüdiger Korbel für seine hilfreichen Korrekturen und Anmerkungen zum Vogelkapitel. Ein spezieller, besonders herzlicher Dank geht auch an unsere wundervollen Familien, die uns mit viel Geduld und Liebe durch dieses Projekt begleitet haben.

Im gesamten Buch wurde aus Gründen der besseren Lesbarkeit nur die männliche Form (z. B. Tierarzt etc.) verwendet, dennoch sind selbstverständlich auch unsere Kolleginnen ausdrücklich angesprochen.

Syndey und München, Sommer 2018
Barbara Schneider, Dorothea Döring
und Daphne Ketter

Inhaltsverzeichnis

Anschriften

Dr. med. vet. Barbara **Schneider**
Graf-Moy-Str. 2
85356 Freising

PD Dr. med. vet. Dorothea **Döring**
Tierärztliche Fakultät der Ludwig-Maximilians-
Universität München
Veterinärstraße 13/R
80539 München

Dr. med. vet. Daphne **Ketter**
Tierarztpraxis für Verhaltensmedizin
Birkenweg 28
82110 Germering

Tierärztliche Fakultät der Ludwig-Maximilians-
Universität München
Veterinärstr. 13/R
80539 München

Autorenvorstellung

Dr. med. vet. Barbara Schneider
Fachtierärztin für Verhaltenskunde, Promotion im Bereich Rattenverhalten, 2006-2008 Behavior Residency an der Tufts University in den USA, seit 2008 in eigener Verhaltenspraxis tätig, sowie zeitweise als Dozentin und wissenschaftliche Mitarbeiterin am Institut für Tierschutz, Verhaltenskunde, Tierhygiene und Tierhaltung an der LMU München.
www.verhalten-schneider.de

PD Dr. med. vet. Dorothea Döring
Fachtierärztin für Verhaltenskunde, Fachtierärztin für Tierschutz, Zusatzbezeichnung Verhaltenstherapie, Privatdozentin am Lehrstuhl für Tierschutz, Verhaltenskunde, Tierhygiene und Tierhaltung der Tierärztlichen Fakultät, LMU München, seit über 20 Jahren in Ethologie und Verhaltenstherapie tätig.

Dr. med. vet. Daphne Ketter
Promotion im Bereich Hundeverhalten, seit über 10 Jahren verhaltensmedizinisch tätig, seit 2014 in eigener tierärztlichen Praxis für Verhaltensmedizin sowie wissenschaftliche Mitarbeiterin und Dozentin am Lehrstuhl für Tierschutz, Verhaltenskunde, Tierhygiene und Tierhaltung der Tierärztlichen Fakultät, LMU München.
www.tvh-muenchen.de

1 Die Kleintierpraxis und ihre Patienten – Einführung

Barbara Schneider

An eine moderne Kleintierpraxis werden heutzutage sowohl vom tierärztlichen Team als auch von Klienten bzw. Patientenbesitzern hohe Anforderungen gestellt. Die eigene Praxis soll selbstverständlich funktionell und hygienisch sein, aber gleichzeitig auch freundlich und angenehm wirken. Zudem soll in der Regel die Praxis-Philosophie gleich auf den ersten Blick erkennbar sein; die Räume sind somit eine Art Aushängeschild der Praxis.

Tierbesitzer wünschen sich fachlich kompetente Tierärzte. Neben dem fachlichen Können spielen für die Klienten dabei jedoch auch andere Faktoren eine nicht zu unterschätzende Rolle. Nach einer Studie von Bergler [5] etwa wünschen sich 80 % der Befragten einen Tierarzt mit Einfühlsamkeit für Mensch und Tier. Für 86 % der Befragten ist zudem die „Tierliebe" des Tierarztes von Bedeutung. Wenn ein Tierarzt als besonders tierlieb empfunden wird, oder wenn das eigene Tier bei einem bestimmten Tierarzt wenig Angstverhalten und Stress zeigt, dann neigen die Besitzer dazu, diesen Tierarzt in Zukunft öfter aufzusuchen. Eine tierfreundliche Tierarztpraxis ist somit nicht nur aus Tierschutzgründen erstrebenswert, sondern auch unter ökonomischen Gesichtspunkten.

Es ist nicht immer einfach, allen Ansprüchen an eine moderne Kleintierpraxis gerecht zu werden, und Kompromisse sind oft notwendig. Da auch häufig bereits bestehende Räumlichkeiten für eine Praxis genutzt werden, sind die Möglichkeiten für Umbaumaßnahmen oder größere Umgestaltungen im Einzelfall deutlich begrenzt. Dennoch können verschiedene bauliche Maßnahmen getroffen oder aber Räume mit teilweise einfachen Mitteln umgestaltet werden, um eine Praxis tierfreundlicher zu gestalten.

Neben den räumlichen Gegebenheiten ist – wie bereits erwähnt – der Umgang mit den Tieren ein wesentlicher Faktor hinsichtlich der Tierfreundlichkeit einer Praxis. Dafür ist eine entsprechende Schulung des Personals, aber auch der Patientenbesitzer im Umgang mit Tieren in der Tierarztpraxis erforderlich.

Im Folgenden soll ein Überblick über verschiedene hilfreiche Maßnahmen gegeben werden.

1.1 Gestaltung von Empfang und Wartezimmer

Idealerweise kann eine Tierarztpraxis vor dem Bau detailliert geplant werden. In solch einem Fall sollte unbedingt auch auf die Größe und Gestaltung des Wartezimmers und des Empfangsbereiches besonderer Wert gelegt werden.

1.1.1 Empfangsbereich

Der Empfangsbereich sollte im Idealfall so gelegen sein, dass die Klienten mit ihren Tieren nicht durch ein Spalier bereits wartender Tiere gehen müssen. Um den Empfangstresen nicht direkt hinter der Eingangstür aufstellen zu müssen, lässt sich mithilfe von hohen oder halbhohen Raumteilern (z. B. Kommoden, Regale mit undurchsichtiger Rückwand) ein vom Wartezimmer getrennter Eingangsweg schaffen (▶ Abb. 1.1).

Insgesamt ist eine Entzerrung der Patientendichte vor allem im Eingangsbereich immer anzustreben – denn auch für eigentlich ausgeglichene und freundliche Tiere kann das Aufeinandertreffen mit unbekannten Tieren auf engem Raum so belastend sein, dass sie reaktiv werden.

1.1.2 Wartezimmer

Dem Wartezimmer kommt eine besondere Funktion in einer Tierarztpraxis zu. Es ist zum einen häufig der Raum, durch den die Kleintierpraxis betreten wird. Zum anderen verbringen die Tiere mit ihren Besitzern darin in der Regel eine gewisse

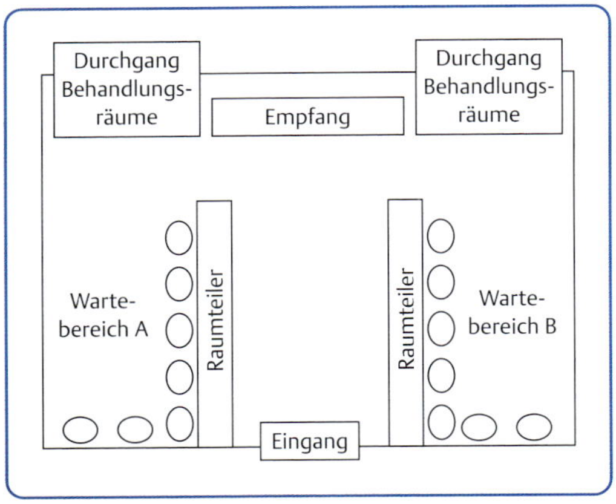

▸ **Abb. 1.1** Beispiel für einen durch Raumteiler geschaffenen Eingangsweg durch das Wartezimmer.

Zeit. Daher sollte dieser Raum besonders sorgfältig geplant und eingerichtet werden.

Merke

Die Situation im Wartezimmer stellt für die meisten Tiere einen nicht zu unterschätzenden Stressor dar.

Der Aufenthalt im Wartezimmer ist insgesamt als nicht zu unterschätzender Stressfaktor für Tiere zu werten. So wiesen beispielsweise sogar unter einer kontrollierten Testsituation ohne weitere Tiere im Wartezimmer ein Viertel der in einer Studie untersuchten Hunde Anzeichen für einen hohen Stresslevel auf [11]. Diese Hunde mit hohem Stresslevel zeigten beim anschließenden Gang vom Wartezimmer in den Behandlungsraum signifikant häufiger Widerstand als Hunde mit einem niedrigeren Stresslevel. Insgesamt zeigten zwei Drittel der Hunde während einer dreiminütigen Beobachtungsphase mindestens ein Anzeichen von Stress. Bemerkenswert in dieser Studie ist zudem, dass die Einschätzung des Stresslevels durch die Besitzer nicht sehr stark mit der Einschätzung durch einen Verhaltensexperten korrelierte. Das bedeutet, dass auch der Tierarzt sowie sein Personal gefordert sind, Stress im Wartezimmer zu erkennen und entsprechend dagegen vorzugehen. Dies kann beispielsweise durch das Separieren besonders gestresster Individuen in einen separaten Wartebereich geschehen.

Die erwähnte Studie wurde nur mit Hunden ohne gesundheitliche Probleme durchgeführt. Ist ein Tier jedoch krank oder verletzt, so muss davon ausgegangen werden, dass die Zeit im Wartezimmer eine noch deutlich höhere Belastung darstellt, da das körperliche Unwohlsein erschwerend hinzukommt.

Platz ist eines der wichtigsten Kriterien bei der Planung und Gestaltung eines tierfreundlichen Wartezimmers. Je mehr Platz vorhanden ist, desto eher können sich scheue Tiere zurückziehen, und umso besser können verschiedene Tierarten getrennt werden. Idealerweise stehen entweder verschiedene Zimmer oder aber mehrere, klar abgetrennte Bereiche zur Verfügung, sodass zumindest eine Trennung von Hunden und Katzen, sowie auch von kleinen Heimtieren und Beutegreifern möglich ist (▸ Abb. 1.2).

Sollte nur ein einziger Raum als Wartebereich vorhanden sein, dann muss dieser immer so gut wie möglich in mehrere, separate Bereiche eingeteilt werden. Gerade für die Halter von sehr ängstlichen, aggressiven oder anderweitig schwierigen Tieren ist der Aufenthalt im Wartezimmer immer mit besonders viel Stress verbunden. Dieser Stress

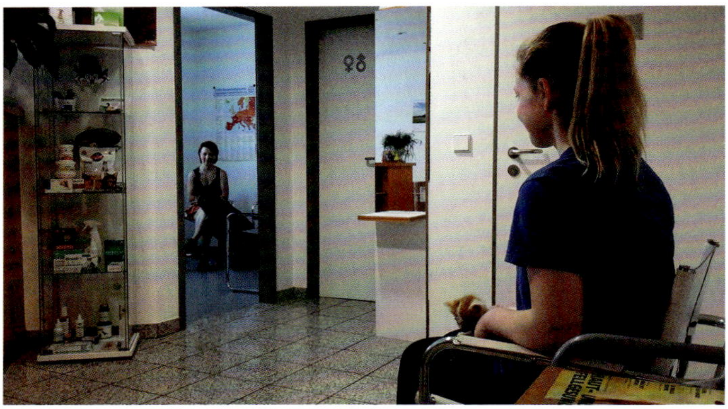

▸ **Abb. 1.2** In dieser Tierarztpraxis stehen verschiedene Wartebereiche zur Verfügung, sodass auch ein Vorraum – falls nötig – als Wartebereich genutzt werden kann. (Quelle: Dr. Ilona Backofen, Dietenheim.)

des Halters überträgt sich zudem auf das Tier. So kann ein regelrechter Teufelskreis entstehen. Solche Tiere und ihre Halter sollten daher nach Möglichkeit immer in getrennten Zimmern warten können. Dies kann enorm dazu beitragen, die Wartezeit für alle Beteiligten zu erleichtern. Wenn kein weiterer Raum vorhanden ist, bietet es sich auch an, schwierige Patienten vorübergehend in einem nicht benötigten Behandlungsraum unterzubringen. Besitzern von schwierigen Tieren sollte dabei immer klar mitgeteilt werden, dass sie die Möglichkeit haben separat zu warten. Dies sollte diskret und wertfrei erfolgen, um die Besitzer nicht vor anderen Klienten bloßzustellen.

Bei ausreichendem Platz, wie es beispielsweise oft in einer größeren Klinik gegeben ist, können auch durch einen Eingangsweg und entsprechende Raumteiler getrennte Wartebereiche angelegt werden (▶ **Abb. 1.1**).

1.1.3 Ausgang

Wenn irgend möglich, empfiehlt es sich, mehr als einen Ein- bzw. Ausgang zur Praxis zu haben. Idealerweise führt der zweite Eingang auch nicht durch das Wartezimmer, sondern direkt in ein Behandlungszimmer oder in den Gang. Der zweite Eingang kann beispielsweise für solche Tiere genutzt werden, die besonders ängstlich und/oder besonders aggressiv auf andere Tiere reagieren. Wenn sie durch einen separaten Eingang geleitet werden können, mindert dies nicht nur die Belastung für den Patienten, sondern auch für dessen Besitzer und weitere, bereits in der Praxis wartende Klienten mit ihren Tieren.

Praxistipp

Ein zweiter Ein- oder Ausgang ist prinzipiell sinnvoll. Er kann nicht nur für besonders ängstliche oder aggressive Patienten genutzt werden, sondern auch, wenn die Klienten nach einem emotional belastenden Erlebnis gerne unbeobachtet aus der Praxis gehen möchten.

1.1.4 Schallreduktion und Böden

Tiere haben normalerweise ein sensibleres Gehör als Menschen. Vor allem kleine Heimtiere sind besonders geräuschempfindlich. Bereits bei Umgebungsgeräuschen von 85 dB – entspricht in etwa dem Lärm eines Rasenmähers oder einer Hauptverkehrsstraße – sind deutliche Stressanzeichen festzustellen [1]. Es ist daher empfehlenswert, den Geräuschpegel bei maximal 60 dB zu halten [9].

Die Stimmen des Praxispersonals sollten immer ruhig und freundlich klingen. Eventuell stressige Geräusche aus Nebenräumen sollten, wenn nötig, mithilfe von weißem Rauschen oder leisen Hintergrundgeräuschen ausgeblendet werden [9]. Im gesamten Bereich einer Praxis, in dem sich Patienten kurz- oder langfristig aufhalten, ist zudem auf die Verwendung schallschluckender Materialien für Decken und Böden Wert zu legen. Aus diesem Grund sollten beispielsweise auch nur die nötigsten Orte gefliest werden. Vorhänge, Decken aus Gipskarton etc. helfen ebenfalls den Schallpegel niedrig zu halten. Werden aus hygienischen Gründen keine Vorhänge verwendet, so ist größerer Wert auf die Decken- und Bodengestaltung zu legen (▶ **Abb. 1.3**).

▶ **Abb. 1.3** Aus hygienischen Gründen wurde in dieser Praxis auf Vorhänge verzichtet. Der Boden und die Decke sollten in einem solchen Fall immer mit schalldämpfendem Material gestaltet werden. (Quelle: Dr. Pia Zausinger, Niederaichbach.)

Als Bodenbeläge in der Tierarztpraxis eignen sich vor allem PVC und Kautschuk, da sie eine ausreichende Rutschsicherheit gewährleisten sowie hygienisch abwaschbar sind. Bei Holzböden ist aufgrund der Ritzen und Spalten eine hygienische Reinigung nur schwer möglich. Ein weiterer Vorteil von Kautschuk ist zudem, dass der Boden schallschluckender und somit leiser ist als beispielsweise ein PVC-Boden. Es empfiehlt sich bei den Böden mindestens einen Haftreibwert von R9 anzustreben, wie er für Arztpraxen laut BGR 181 [8] nötig ist. Noch besser ist ein Haftreibwert von R10. Dieser Boden ist trittsicher bis zu einem Neigungswinkel von 10–19° und bietet gerade aufgeregten Hunden besseren Halt.

1.2 Gestaltung des Behandlungsraumes

Auch für den Behandlungsraum sollten die oben erwähnten Anforderungen an Böden und verwendete Baumaterialien (S. 15) erfüllt werden. Zudem sollte ein Behandlungsraum immer so groß wie möglich gehalten werden, um Tier, Besitzer und Praxisteam nicht unnötig einzuengen. Dies ist wichtig, damit sich Tierarzt und Assistent uneingeschränkt rund um den Behandlungstisch bewegen können. Aber auch die Patienten (v. a. Hunde) benötigen genug Bewegungsfreiraum. Bewegung hilft dabei, Stress abzubauen.

Darüber hinaus fühlen sich Klienten in der Regel ebenfalls wohler, wenn der Behandlungsraum weitläufiger gestaltet ist – und so gelingt es ihnen eher, diese positiven Gefühle auf ihre Tiere zu übertragen.

Zusätzlich sollten sich nach Möglichkeit nicht zu viele Personen auf einmal im Behandlungsraum aufhalten. Dies stellt eine nicht zu unterschätzende Belastung für das Tier dar – besonders dann, wenn viele dem Tier unbekannte Personen anwesend sind (▸ **Abb. 1.4**).

Im Einzelfall muss somit überlegt werden, welche Personen eventuell gebeten werden sollten draußen zu warten.

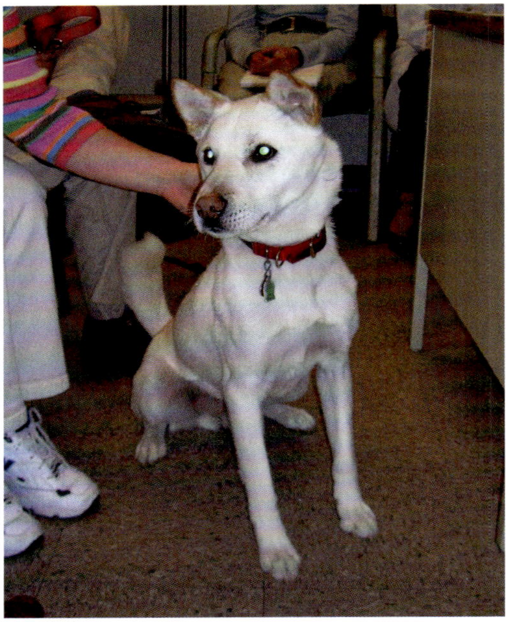

▸ **Abb. 1.4** Überfüllter, vollgestellter Behandlungsraum. Der Hund, ein Korea Jindo Dog, zeigt Stressanzeichen: hohe Körperspannung, geweitete Pupillen und Beobachten des Ausgangs.

Im Behandlungsraum sollte ein stabiler, feststellbarer Behandlungstisch stehen, der sich in der Höhe so verstellen lässt, dass ein Hund bequem hinaufsteigen kann. Zu beachten ist hierbei jedoch, dass die meisten Hunde sehr ängstlich auf das Hochfahren des Tisches bzw. auf das damit verbundene Motorgeräusch reagieren.

Wenn möglich, sollte bei Hunden eine Untersuchung auf dem Boden durchgeführt werden. Vor allem große, schwere Hunde haben meist wenig Platz auf dem Behandlungstisch. Selbstverständlich sollte der Behandlungstisch mit einer rutschfesten Auflage ausgestattet ist. Wenn die Pfoten oder Krallen der Patienten auf dem Tisch Halt finden, reduziert dies den Stress, dem die Tiere in einer solch exponierten Position ausgesetzt sind. Meist beugt eine solche Auflage auch einem größeren Wärmeverlust durch den kalten, metallenen Tisch vor.

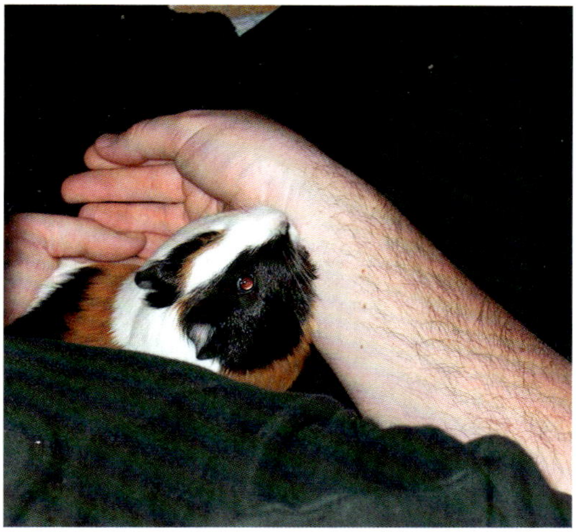

▶ **Abb. 1.5** Maximal geweitete Pupillen bei einem gestressten Meerschweinchen auf dem Schoß seines Besitzers.

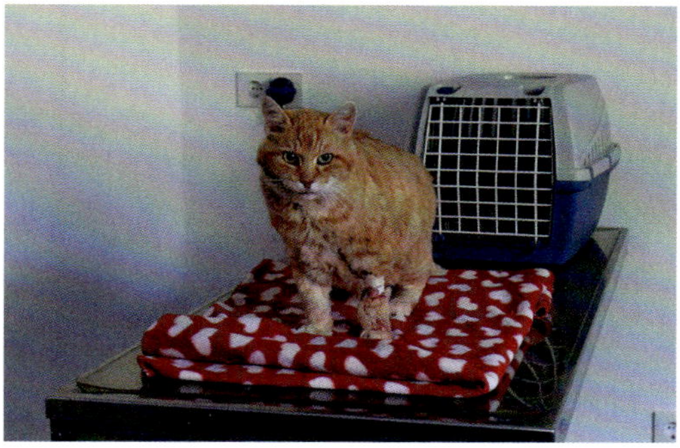

▶ **Abb. 1.6** Ein Feliway®-Stecker im Behandlungsraum einer Kleintierpraxis (hinten im Bild) kann bei der Behandlung von Katzen hilfreich sein. Beachte auch die warme Decke, die zusätzlich zur Gummiauflage auf dem Behandlungstisch verwendet wird. (Quelle: Dr. Ilona Backofen, Dietenheim.)

1.2.1 Beleuchtung

Die Leuchten im Behandlungsraum, vor allem aber über dem Behandlungstisch, sollten nach Möglichkeit dimmbar sein. Einerseits ist eine helle Beleuchtung für manche Untersuchungen unerlässlich, andererseits sind die Augen vieler tierischer Patienten jedoch sehr empfindlich. Daher sollte die hellste Lichteinstellung nur für die Dauer der notwendigen Untersuchung gewählt werden. Ansonsten sind Lichter zu dimmen.

Dies ist besonders bei Albinos wichtig, deren Augen sehr viel lichtempfindlicher sind als pigmentierte Augen. Bei Albinoratten kann die Retina beispielsweise schon bei sehr geringer Lichtintensität Schaden nehmen (u. a. [17]). Bei Stress weitet sich zudem die Pupille der Tiere, und helles Licht kann ungehindert in die Augen dringen (▶ **Abb. 1.5**). Aber auch bei älteren Katzen (S. 50) ist es angebracht, kein zu helles Licht zu verwenden. Gerade fluoreszierendes Licht wird als unangenehm empfunden. Natürlichem Licht ist nach Möglichkeit immer der Vorzug zu geben.

1.2.2 Taktile Reize

Kalte, glatte Oberflächen, wie sie meistens auf dem Behandlungstisch zu finden sind, werden von Patienten in der Regel als negativ empfunden. Vor allem kleine Heimtiere können auf einem metallenen Tisch auch schnell auskühlen. Warme, weiche Oberflächen sind zu bevorzugen. Gummimatten oder auch angewärmte Handtücher können hier sehr hilfreich sein und sollten nach Möglichkeit auf jedem Behandlungstisch verwendet werden (▶ **Abb. 1.6**). Aus hygienischen Gründen müssen die Handtücher selbstverständlich nach jedem Tier ausgetauscht werden. Eine ökonomischere Variante ist es, den Besitzer eigene Handtücher mitbringen zu lassen.

Da wackelige Untergründe zu unnötigem Stress führen, muss der Behandlungstisch immer stabil und gerade stehen.

1.2.3 Gerüche

Tiere haben im Allgemeinen einen besseren Geruchssinn als Menschen, da sie sich überwiegend geruchlich orientieren. Es ist somit essenziell, dass der Behandlungsraum möglichst frei von unangenehmen Gerüchen ist. Dennoch sollten die benutzten Oberflächen zwischen zwei Patienten immer sorgfältig abgewischt werden – besonders, wenn gerade ein sehr gestresstes Tier behandelt wurde. Auf diese Weise wird sichergestellt, dass die Pheromone, die Informationen über den empfundenen Stress beinhalten, entfernt werden. Nach einer Desinfektion zwischen zwei Patienten im Behandlungszimmer oder im stationären Bereich sollte eine kurze Zeit abgewartet werden – dann sind die chemischen Düfte verflogen, bevor ein neuer Patient das Behandlungszimmer betritt [9].

Appeasing Pheromone

Die sogenannten Appeasing Pheromone, die für Katzen und Hunde kommerziell erhältlich sind, können eventuell dazu beitragen, die Stressbelastung für Tiere im Behandlungsraum zu reduzieren. Es liegen zu diesen Produkten verschiedene Studien vor, die teilweise etwas widersprüchliche Ergebnisse aufweisen. Die meisten Studien kommen aber zu dem Schluss, dass die Pheromone hilfreich sind (u. a. [13], [15]). Vor allem auch bei stationär aufgenommenen Hunden haben sich die Produkte bewährt. So finden beispielsweise Siracusa et al. [18] durchaus auch positive Effekte eines synthetischen Dog-appeasing Pheromone (DAP)-Produktes im Aufwachraum nach einer Operation bei Hunden. DAP kann laut Kim et al. [10] auch bei stationär aufgenommenen Hunden Verhaltensweisen reduzieren, die mit Trennungsangst assoziiert sind.

Aus diesen Gründen kann eine Anwendung der Pheromone in der Tierarztpraxis im Behandlungsraum sowie im stationären Bereich durchaus empfohlen werden, auch wenn es selbstverständlich keine 100 %ige Erfolgsgarantie gibt. Die jeweiligen Produkte (Adaptil® für Hunde und Feliway® für Katzen) können allgemein im Behandlungsraum verbreitet (► **Abb. 1.6**) oder aber gezielt auf den Behandlungstisch gesprüht werden, bevor das Tier hereingebracht wird.

Das Pheromonprodukt Felifriend® kann bei der Behandlung von Katzen (S. 52) ebenfalls hilfreich sein. Es ist allerdings momentan nicht verfügbar.

Ein Adaptil®-Zerstäuber bzw. ein Feliway®-Diffusor können darüber hinaus auch im Wartezimmer zum Einsatz kommen. Da die darin enthaltenen synthetischen Pheromone der innerartlichen Kommunikation dienen, ist kein negativer Effekt auf die jeweils andere Spezies zu erwarten.

1.3 Gestaltung des stationären Bereiches

Auch im stationären Bereich einer Tierarztpraxis können Maßnahmen ergriffen werden, um den Aufenthalt für die Tiere angenehmer zu gestalten.

Platz ist hier wieder eine wichtige Grundvoraussetzung. Besonders wenn den Tieren ein tagelanger Aufenthalt in den Klinikräumen bevorsteht, ist es wichtig, dass sie ausreichend Platz haben, um sich bewegen zu können. Daher sollten immer möglichst große Käfige angeschafft werden. Große Boxen lassen sich in der Regel einfacher tiergerecht gestalten, da sie in verschiedene Funktionsbereiche aufgeteilt werden können. Dies ist nicht nur für das Wohlbefinden von Hunden und Katzen wichtig, sondern auch von kleinen Heimtieren. So streben beispielsweise Ratten danach, Ruhe- und Kotorte räumlich voneinander zu trennen. Dies ist jedoch nur möglich, wenn genügend Grundfläche zur Verfügung steht [7].

Bei Beutetieren, wie etwa Ziervögeln oder den kleinen Heimtieren, ist es wichtig, die Käfige möglichst hoch anzubringen bzw. die Tiere möglichst nur in solche Boxen zu setzen, die sich auf Augenhöhe befinden. Alle kleinen Beutetiere fürchten sich nämlich vor plötzlichen Bewegungen von oben. Dies ist beispielsweise bei Meerschweinchen (S. 81) besonders ausgeprägt.

Auch für Katzen ist es eine besondere Belastung, wenn sie in Käfigen im Bodenbereich untergebracht sind, da sie eine Beobachtung der Umgebung von einem erhöhten Standpunkt aus brauchen, um sich sicher zu fühlen. Katzen (S. 51) benötigen zudem einen sicheren Unterschlupf, in den sie sich zurückziehen können, um sich wirklich sicher zu fühlen. Die Transportkiste kann dabei als einfache Höhle im Käfig fungieren – vorausgesetzt, es ist noch genügend Platz für Futterschüssel und eine ausreichend große Katzentoilette. Zusätzlich zu einer Höhle zum Verstecken kann ein teilweises Abhängen der Käfigtüren mit Handtüchern ängstlichen Tieren mehr Sicherheit geben.

! Merke

Auch im stationären Bereich sind alle oben genannten Anforderungen an Schalldämmung, Licht und Gerüche gültig.

1.4
Handling der Patienten

Eine der wichtigsten Voraussetzungen für ein möglichst tierfreundliches Handling ist **Zeit**. Gerade bei als schwierig bekannten Patienten sollte daher nach Möglichkeit auch in einer geschäftigen Tierarztpraxis ausreichend Zeit eingeplant werden.

Eine weitere Grundvoraussetzung für tiergerechtes Handling ist es, sich der eigenen Körpersprache bewusst zu sein, und diese gezielt einzusetzen. Als Primaten tendieren Menschen dazu, gerade auf jemanden zuzugehen, Blickkontakt zu halten und von oben zu streicheln. Dies wird jedoch von den meisten Tierarten als unangenehm empfunden. Gerade das direkte Starren in die Augen wird von Hunden und auch Katzen als Drohung gewertet. Es ist daher strikt zu vermeiden.

Merke
Gerade Hunden und Katzen sollte man nach Möglichkeit nie in die Augen starren. Der Blick sollte neben das Auge fallen.

Bei allen Tieren sollten plötzliche, von oben kommende Bewegungen generell vermieden werden. Von kleinen Heimtieren und Vögeln werden diese Bewegungen unter Umständen als Angriff eines Beutegreifers empfunden und lösen extreme Stressreaktionen aus. Für Hunde und Katzen können sie wiederum eine klare Drohung darstellen.

Die Einstellung des Menschen, der sich mit einem Tier befasst, hat ebenfalls einen großen Einfluss auf die Qualität des Umgangs [9]. Tierärzte müssen daher besonders darauf achten, dass das Praxispersonal über ausreichend ethologische Grundkenntnisse verfügt, um zu erkennen, dass ein Patient ängstlich ist oder sich bedroht fühlt – und nicht „störrisch“ oder „widerspenstig“ ist. Auch wenn ein Tierarzt bemerkt, dass dem Besitzer das Verständnis für das Verhalten des Tieres fehlt, sollte er das Verhalten sowie die Gründe dafür ausführlich zu erklären, ohne aber dabei den Besitzer bloßzustellen.

Insgesamt ist auf einen ruhigen, sanften Umgang zu achten. Das gesamte Praxispersonal sollte regelmäßig Schulungen zum stressarmen Handling von Tieren in der Tierarztpraxis besuchen. Auf artspezifische Besonderheiten (Hunde (S. 28), Katzen (S. 50), Kaninchen (S. 70), Meerschweinchen (S. 80), Goldhamster (S. 88), Ratten (S. 92), weitere kleine Heimtiere (S. 99), Vögel (S. 105)) ist besondere Rücksicht zu nehmen.

Für jeden Patienten sollte umgehend in der Patientenakte vermerkt werden, welches Handling bzw. welche Strategie besonders gut oder besonders schlecht funktioniert hat. Auf diese Weise können zukünftige Besuche noch effektiver und tierfreundlicher gestaltet werden, ganz besonders in Praxen mit viel Personal.

1.4.1 Fixierung

Für einige Eingriffe oder Untersuchungen ist es notwendig, den Patienten zu fixieren. Insgesamt sollten die Tiere aber so wenig wie möglich fixiert werden. Automatisches Ausführen von Nackengriff etc. bei kleinen Heimtieren sollte unterbleiben. Sanfteren Methoden – wie etwa dem Einwickeln in ein Handtuch oder dem Abdecken der Augen – ist wenn möglich immer der Vorzug zu geben.

Ist eine Fixation unumgänglich, sollte sie immer möglichst sicher und kurz durchgeführt werden. Während der Fixierung ist das Tier umfassend zu stützen. Sollte ein Patient während der Fixierung für länger als drei Sekunden zappeln, so empfiehlt es sich, den Griff neu zu positionieren, nachdem das Tier sich wieder beruhigt hat [9].

Im Einzelfall ist abzuwägen, ob ein Tier für eine bestimmte Untersuchung sediert werden kann und muss.

Merke
Patienten sollten immer so wenig wie möglich fixiert werden.

1.4.2 Hilfsmittel

Eine weitere Möglichkeit, eine Prozedur oder Untersuchung für das betroffene Tier angenehmer zu gestalten, ist die Verwendung von verhaltenstherapeutischen Tools wie Calming Cap® oder Anxiety Wrap®. Letzteres ist eine Art Bandage, die um den betreffenden Hund gelegt wird und gleichmäßigen, sanften Druck auf den Körper ausübt. Dies hat auf manche Tiere einen beruhigenden Effekt. Die Calming Cap® ist eine Stoffkappe, die Hunden über die Augen gezogen werden kann. Die damit verbundene Sichteinschränkung beruhigt manche Hunde, besonders nachdem sie eine Sedierung verabreicht bekommen haben. Einschränkend muss hier erwähnt werden, dass diese Produkte nur bei einem kleinen Prozentsatz an Tieren hilfreich sind. Gerade bei angstaggressiven Hunden kann es kontraproduktiv sein, den Kopf zu manipulieren, wie das etwa für das Anlegen einer Calming Cap® notwendig wäre.

Die Verwendung eines Maulkorbs (S. 36) bei Hunden ist zum Schutz des Personals in einer Tierarztpraxis häufig notwendig. Nach Möglichkeit sollten die Besitzer daher angehalten werden, das Tolerieren eines Maulkorbs (S. 116) zu trainieren

Schlaufen-Maulkörbe, bei denen der Hund sein Maul nicht öffnen kann, sollten nur für sehr kurze Eingriffe verwendet werden [3]. Korb-Maulkörbe sind immer zu bevorzugen.

1.5 Gegenkonditionierung

Aus Tierschutzgründen muss es ein allgemeines Anliegen von Tierärzten sein, die Angst von Tieren in der tierärztlichen Praxis generell zu reduzieren. Dadurch können unnötige Belastungen für die tierischen Patienten vermieden werden. Zusätzlich ist davon auszugehen, dass es in Bezug auf die Kundenbindung von Vorteil ist, wenn ein Tier die tierärztliche Praxis freudig und freiwillig betritt und sich auch während der Behandlung entspannt verhält.

Eine gute Möglichkeit, die Tierarztpraxis bzw. bestimmte Prozeduren für die tierischen Patienten positiv zu besetzen, ist eine sogenannte klassische Gegenkonditionierung. Hierbei handelt es sich um eine Trainingsmethode, die auf der klassischen Konditionierung basiert. Ein Reiz (z. B. der Tierarzt) wird dabei mit besonders schmackhaftem Futter kombiniert. Auf diese Weise kann auf Dauer etwas Unangenehmes für den Hund zum positiven Schlüsselreiz umfunktioniert werden. Durch viele positive Erfahrungen (Leckerli) in der ursprünglichen Problemsituation wird schließlich eine langanhaltende Verhaltensänderung erreicht.

Praxistipp

Grundsätzlich sollte das Prinzip der Gegenkonditionierung nach Empfehlung von Herron u. Shreyer [9] u. a. in folgenden Situationen zur Anwendung kommen:

- Injektionen
- Festhalten durch einen Fremden
- Nägelkürzen
- rektale Temperaturmessung
- Palpation
- Untersuchungen mit dem Otoskop
- Mikrochip-Injektionen
- Platzieren auf einem kalten Tisch

Futterbelohnungen sind für die Gegenkonditionierung in der Tierarztpraxis in besonderem Maße geeignet. Wann immer sie nicht eingesetzt werden dürfen oder können, sollten verbales Lob, Streicheleinheiten, Spiel etc. als Verstärker verwendet werden. Besonders Hunde sprechen beispielsweise meist gut darauf an, Tricks vorführen zu dürfen. Dies kann auch vom Praxispersonal in den verschiedensten Situationen genutzt werden (► **Abb. 1.7**).

Äußerst ängstliche Tiere oder Tiere, die eine extrem negative Erfahrung in der Tierarztpraxis gemacht haben, können im Laufe der Zeit eine regelrechte Praxis-Phobie entwickeln, wenn nicht mit Gegenkonditionierung gearbeitet wurde. Spätestens in solchen Fällen ist ein gezieltes Gewöhnungstraining nach dem Konzept der Gegenkonditionierung angebracht. Am sinnvollsten ist dieses Training in der Regel für Hunde und Katzen. Es kann je nach Praxis in den normalen Praxisalltag integriert werden oder zu einer Zeit außerhalb der offiziellen Sprechstunden stattfinden. Eine Abrechnung kann analog zu einer Verhaltensberatung erfolgen (wenn es sich um eine ausführliche Beratung und Behandlung handelt), oder es kann als Trainingseinheit bzw. Lehrtätigkeit abgerechnet werden. Dies ist momentan nicht durch die Gebührenordnung für Tierärzte (GOT) geregelt und kann als freiberufliche Tätigkeit anders abgerechnet werden.

Im Zuge dieses Gewöhnungstrainings sollten zunächst sämtliche negativen Erlebnisse wie etwa schmerzhafte Behandlungen nach Möglichkeit vermieden werden, um ein optimales Ergebnis zu erzielen. Man sollte zudem immer einen gezielten Plan für die Gegenkonditionierung aufstellen. Auf die Lerngeschwindigkeit des jeweiligen Tieres

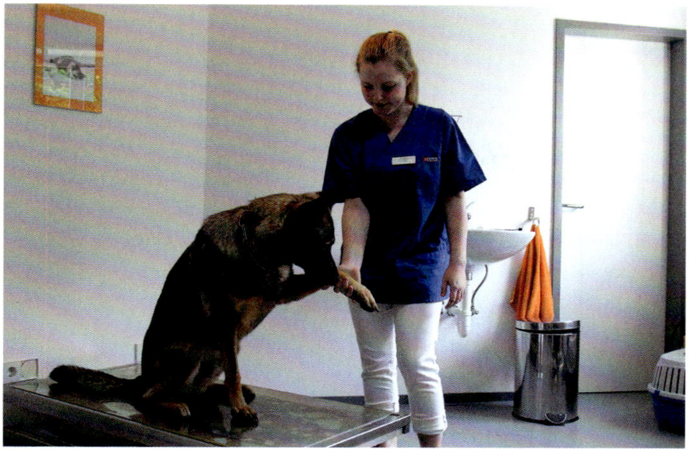

▶ **Abb. 1.7** Dieser Hund wird an den Behandlungstisch gewöhnt. Nachdem er den Tisch freiwillig betreten hat, führt er den Befehl „Gib Pfote“ aus. (Quelle: Dr. Ilona Backofen, Dietenheim.)

muss allerdings individuell eingegangen werden. Das kann bedeuten den ursprünglichen Plan abzuändern, denn es sollte immer nur dann zum nächsten Schritt übergegangen werden, wenn im vorhergehenden Schritt kein oder nur noch sehr geringes Angstverhalten gezeigt wird. Zudem ist für jedes Tier eine adäquate Belohnung zu verwenden. Dabei muss es sich nicht immer um Leckerlis handeln.

Praxistipp

Beispiel für Durchführung einer Gegenkonditionierung in Bezug auf die Tierarztpraxis

- 1. Woche: drei Besuche in der Praxis, ohne Wartezeit im Wartezimmer. Leckerligabe im Behandlungsraum; jeweils mehrere Minuten Zeit für das Tier, sich im Behandlungsraum umzusehen
- 2. Woche: drei Besuche in der Praxis mit jeweils fünf Minuten Wartezeit im Wartezimmer unter Leckerligabe. Leckerligabe im Behandlungsraum; jeweils mehrere Minuten Zeit für das Tier, sich im Behandlungsraum umzusehen
- 3. Woche: drei Besuche in der Praxis mit jeweils fünf Minuten Wartezeit im Wartezimmer unter Leckerligabe. Leckerligabe im Behandlungsraum; jeweils mehrere Minuten Zeit für das Tier, sich im Behandlungsraum umzusehen. Zusätzliches Heben auf den Behandlungstisch und Leckerligabe dort
- weiterhin 14-tägige Besuche in Wartezimmer und Behandlungsraum, jeweils mit Leckerligabe

1.5.1 Jungtiere

Jungtiere, die noch keine negativen oder noch gar keine Erfahrungen in der Tierarztpraxis gemacht haben, können mithilfe von Gewöhnung und positiver Verstärkung recht einfach lernen, die Praxis als angenehmen Ort zu empfinden. Ein guter und einfacher Weg dies zu erreichen ist die Durchführung von **Welpenspielstunden** in den Praxisräumlichkeiten. Dies kann entweder durch den Tierarzt selbst geschehen oder aber in Kooperation mit einem Hundetrainer, der ausschließlich positive Trainingsmethoden verwendet. Durch diese Welpenspielstunden kann auch eine gute Kundenbindung erreicht werden, da Hundebesitzer dazu neigen, in die bereits bekannte Praxis zu gehen – vor allem wenn der Hund sich auf den Besuch in der Praxis freut. Im Rahmen der Welpenspielstunden können immer wieder einfache Habituationsübungen eingeführt werden. So sollten die Welpen beispielsweise im Rahmen der Stunden auch regelmäßig Zugang zu einem Behandlungsraum haben, dort auf dem Behandlungstisch ein adäquates Leckerli erhalten und wieder gehen. Wie wichtig die Gabe von Leckerlis in der Tierarztpraxis besonder für Hunde ist, wird in Kapitel 2 ausführlich besprochen.

Katzenspielstunden (Kitten Kindy etc.) können ebenfalls dahingehend genutzt werden. Insgesamt ist es aber bei Katzen aufgrund des komplexen Sozialverhaltens sowie großer individueller Unterschiede in der Akzeptanz neuer Situationen in der Regel schwieriger, solche Spielstunden sinnvoll anzubieten und so durchzuführen, dass es zu keinen negativen Assoziationen mit der Praxis oder der Gesamtsituation (sog. Sensibilisierung) kommt.

1.5.2 Erwachsene Tiere

Hunde und Katzen, die nicht als Welpen an die Praxis gewöhnt wurden, können ebenfalls lernen, diese zu akzeptieren, ohne dass immer gleich ein aufwendiges Gewöhnungstraining durchgeführt werden muss. Eine Möglichkeit ist, gefüllte Futterbälle wann immer möglich zur Verfügung zu stellen – etwa, wenn die Anamnese erhoben wird. Zudem können die Besitzer angeleitet werden, ihrem Tier Leckerlis im Behandlungsraum zu geben (▶ **Abb. 1.8**). Wenn Leckerlis vom Besitzer kommen, erhöht dies die Wahrscheinlichkeit, dass sie auch angenommen werden.

Selbstverständlich ist darauf zu achten, dass diese Futterbelohnungen nur dann gegeben werden, wenn eine Futteraufnahme akzeptabel ist und beispielsweise anschließend keine Sedierung durchgeführt werden muss. Zudem müssen natürlich Leckerlis verwendet werden, die der entsprechende Hund oder die Katze auch verträgt. Erst wenn das geklärt ist, ist es sinnvoll, Futterspielzeuge zu befüllen.

Viele Tiere nehmen im Behandlungsraum keine Leckerlis, da sie dort stressbedingt eine psychogene Anorexie haben. Dennoch sollte immer zunächst versucht werden, noch hochwertigere Leckerlis anzubieten bzw. die Methode der Verabreichung zu ändern. Gerade Katzen nehmen oftmals Leckerlis eher direkt vom Tisch auf als aus einem Napf oder aus der Hand. Sollten die Leckerbissen weiterhin nicht angenommen werden, so ist es sinnvoll, sie den Tieren dennoch regelmäßig anzubieten. Auch wenn die Tiere momentan zu gestresst sind, um zu fressen, nehmen sie die Leckerlis meist dennoch wahr und können sich irgendwann dazu überwinden, die Futterbelohnung anzunehmen.

Leckerbissen zur Stressreduktion sollten aber nicht nur Hund und Katze angeboten werden, sondern allen Tierarten, wenn möglich (▶ **Abb. 1.9**). Idealerweise werden die Besitzer gebeten, bevorzugte Leckerlis für ihr Tier mitzubringen und für alle Fälle bereitzuhalten.

Eine Gegenkonditionierung in Bezug auf die Praxis ist prinzipiell für jede Tierart sinnvoll, vor allem aber für Hunde und solche Tiere, die sehr häufig in die Tierarztpraxis kommen müssen.

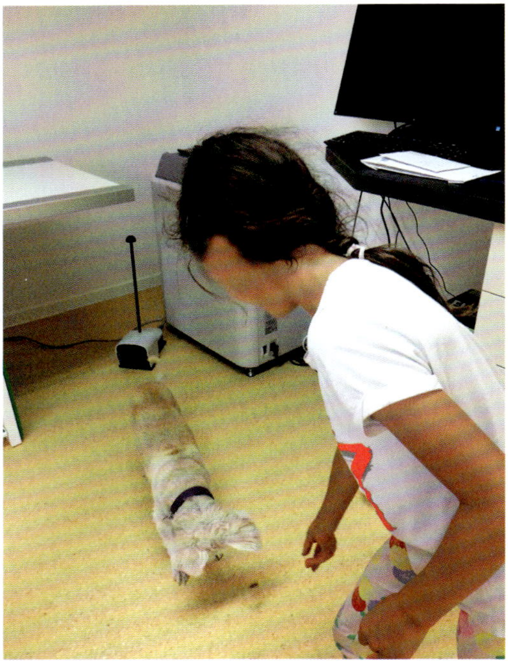

▶ **Abb. 1.8** Futtergabe durch den Besitzer (hier vor dem Röntgentisch) kann einem Hund helfen, die Praxis als positiven Ort kennenzulernen.

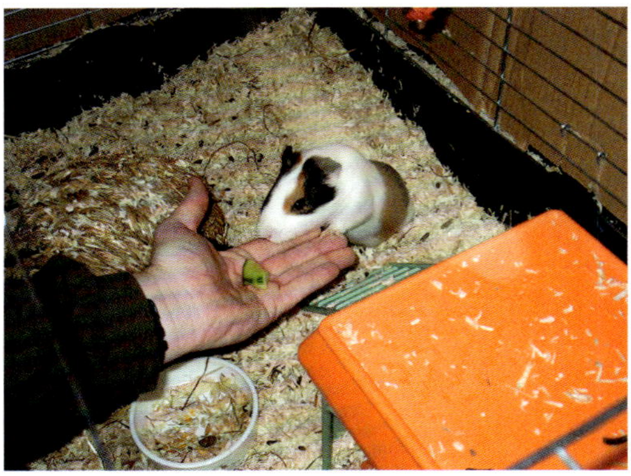

▶ **Abb. 1.9** Mit einem geeigneten Leckerli können auch scheue Meerschweinchen dazu bewegt werden, Kontakt mit der Hand des Untersuchers aufzunehmen oder diese sogar freiwillig zu betreten.

1.6 Anleitung der Patientenbesitzer

Die Besitzer, die mit ihren Tieren in die Kleintierpraxis kommen, sind für den behandelnden Tierarzt wichtige Partner, wenn es um einen tierfreundlichen Umgang mit den Patienten geht. Sie sollten daher frühzeitig über Möglichkeiten informiert werden, den Tierarztbesuch für ihr Tier angenehmer zu gestalten. Idealerweise geschieht dies bereits vor dem jeweiligen Termin. Zumindest sollte aber im Wartezimmer bzw. am Empfang entsprechendes Informationsmaterial ausliegen und vom Praxispersonal verteilt werden.

1.6.1 Autofahrt

Die Mehrzahl der tierischen Patienten wird in der Regel mit dem Auto zur Kleintierpraxis befördert. Viele Tiere haben jedoch Angst vor der Autofahrt oder leiden unter der Reisekrankheit. Dies kann dazu führen, dass sie das Auto nur ungern oder gar nicht betreten wollen bzw. während der Fahrt hecheln und jaulen.

Beim Vorliegen von Reisekrankheit sollten die Besitzer unter Anleitung des Haustierarztes rechtzeitig vor der anstehenden Autofahrt entsprechende, individuell dosierte Medikamente geben. Bleibt aufgrund der Medikation das vom Tier erwartete negative Ereignis aus, wird im Laufe der Zeit eine deutliche Verbesserung des Verhaltens im Auto erreicht. Wird gleichzeitig ein Gewöhnungstraining durchgeführt, zeigen sich Erfolge meist schneller.

Handelt es sich jedoch um reine Angst vor dem Autofahren, so empfiehlt sich ein entsprechendes Gewöhnungstraining (S. 114). Der Tierarzt muss die Besitzer besonders darauf hinweisen, dass Autofahrten nicht ausschließlich mit einem Tierarztbesuch enden sollten. Es ist wichtig den Besitzern klarzumachen, dass am Ende der überwiegenden Zahl der unternommenen Autofahrten ein positives Erlebnis steht (z. B. Spaziergang bei Hunden, Jagdspiele bei Katzen etc.).

1.6.2 Medical Training

Besitzer sollten spätestens bei ihrem ersten Besuch in der Tierarztpraxis auf die Wichtigkeit des sogenannten „Medical Training“ hingewiesen werden. Bei dieser Art des Trainings werden Tiere auf sanfte Weise auf Untersuchungen vorbereitet. Diese Vorgehensweise ist schon lange bei verschiedensten Zootieren (u. a. [14]), aber auch bei Versuchstieren (u. a. [16]) üblich. Sind Tiere an Handgriffe für verschiedene Prozeduren wie etwa die Blutentnahme gewöhnt, so kann der Eingriff stressärmer durchgeführt bzw. eine Sedierung vermieden werden. Auch eher ungewöhnliche Prozeduren können mithilfe des Medical Training geübt werden: So können etwa Hunde sogar darauf trainiert werden, minutenlang im Kernspintomografen still zu liegen [2].

Aus diesen Gründen sollten auch Haustierbesitzer ihre Tiere an verschiedene Berührungen gewöhnen. Vor allem solche Aktionen, die den Tieren besonders unangenehm sind, sollten trainiert werden – z. B. Krallenschneiden oder Ohrenuntersuchung.

Merke

Wenn ein Tier beim Handling durch den Besitzer bereits Aggression gezeigt hat, ist eine ausführliche Verhaltensberatung angezeigt, bevor mit dem Medical Training begonnen werden kann.

Bei Katzen empfiehlt es sich beispielsweise ganz besonders, das Eingeben von Tabletten oder anderen Medikamenten zu üben (► **Abb. 1.10**).

Dazu können besondere Leckerlis verwendet werden, die die Tiere nur in dieser Situation erhalten. Wenn möglich, sollte das entsprechende Leckerli auch dann gegeben werden, wenn tatsächlich ein Medikament verabreicht wurde.

Beim Medical Training sind die Besitzer genau anzuleiten und zu begleiten, damit nicht durch unsachgemäßes Training eine Sensibilisierung erfolgt. Idealerweise werden solche Prozeduren im Rahmen von verhaltenstherapeutischen Trainingseinheiten geübt.

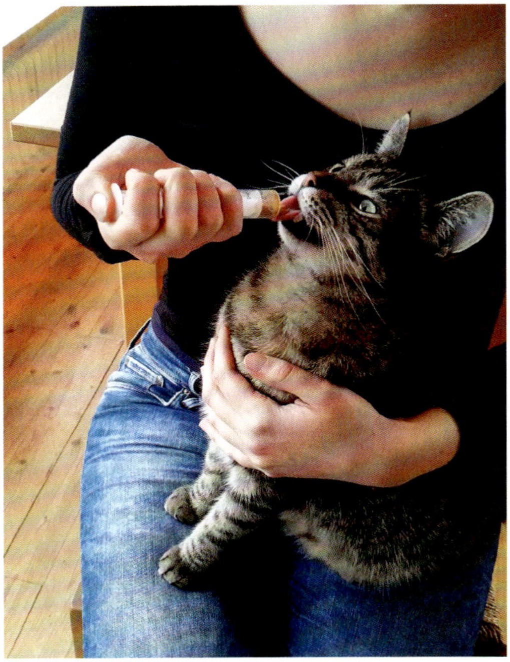

► **Abb. 1.10** Medical Training bei einem Kater. Das Tier lernt, eine Flüssigkeit aus einer Spritze aufzunehmen. (Quelle: Sandra Pedretti, München.)

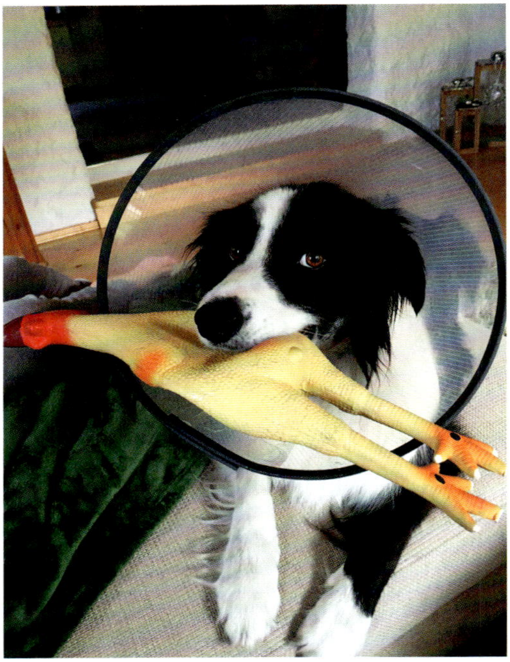

► **Abb. 1.11** Dieser Hund, der sein Lieblingsspielzeug zur Verfügung hat, toleriert den Halskragen nach einer Tumoroperation fast völlig problemlos. (Quelle: Birgit Brandl, Niederaichbach.)

Nicht immer können alle eventuell notwendigen Eingriffe und Maßnahmen vorab trainiert werden. In einem solchen Fall ist darauf zu achten, gleich möglichst positive Verknüpfungen zu bilden. So kann beispielweise das Lieblingsspielzeug einen Halskragen akzeptabel machen (► **Abb. 1.11**).

1.6.3 Im Wartezimmer

Den Besitzern sollte klargemacht werden, wie sie den Aufenthalt im Wartezimmer für ihr Tier so angenehm wie möglich gestalten. Wenn es getrennte Wartebereiche für verschiedene Tierarten gibt, muss dies klar kommuniziert werden. Besitzer sollten aktiv dazu angehalten werden sich zu melden, wenn sie einen separaten Wartebereich für sich und ihr Tier bevorzugen.

Transportboxen für kleine Heimtiere sollten erhöht abgestellt werden können; oder man sollte die Besitzer bitten, die Boxen auf dem Schoß zu halten. Dies kann im Einzelfall auch durch entsprechende Schilder im Wartebereich deutlich gemacht werden.

Jede Transportbox sollte nach Möglichkeit mit einer leichten Decke oder einem Handtuch abgedeckt werden, um die Vielzahl der im Wartezimmer auf ein Tier einstürmenden Stimuli zu beschränken. Falls ein Besitzer kein Tuch mitgebracht hat, sollten am Empfang sterilisierbare Handtücher vorrätig gehalten werden.

1.6.4 Im Behandlungsraum

Im Behandlungsraum liegt es am Tierarzt bzw. am Assistenten, den Besitzer so genau wie möglich anzuleiten, wie er sich zu verhalten hat (Hunde (S. 28), Katzen (S. 50), Kaninchen (S. 70), Meerschweinchen (S. 80), Goldhamster (S. 88), Ratten (S. 92), weitere kleine Heimtiere (S. 99), Vögel (S. 105)). Es muss deutlich gemacht werden, wie dem Tier mehr Sicherheit gegeben werden kann. Die Compliance der Besitzer ist in der Regel umso höher, je besser sie die Gründe für ein von ihnen verlangtes Verhalten verstehen.

Merke

Klare und ausführliche Kommunikation mit dem Besitzer erhöht dessen Compliance im Handling.

1.7 Euthanasie

Als eine besondere Situation, die nicht nur die Besitzer, sondern auch das Praxispersonal in erheblichem Maße belastet, ist die Euthanasie anzusehen. Wenn sich dieser finale Schritt der tierärztlichen Versorgung nicht vermeiden lässt, dann sollte er für das betroffene Tier so angenehm wie möglich gestaltet werden.

Nach Close et al. [6] muss eine Euthanasiemethode folgende primären tierschutzrelevanten Kriterien erfüllen:

- schmerzfrei
- führt möglichst schnell zu Bewusstlosigkeit und Tod
- erfordert ein Minimum an Zwang
- vermeidet Erregung
- dem Alter, der Spezies und der Gesundheit des betroffenen Tieres angemessen
- muss Angst und psychologischen Stress für das Tier minimieren
- verlässlich und reproduzierbar
- irreversibel
- einfach zu verabreichen (in niedrigen Dosen, wenn möglich)
- sicher für den Anwender
- wenn möglich ästhetisch akzeptabel für den Anwender

Besonders zu beachten ist, dass die gewählte Methode mit möglichst wenig Stress und Angst verbunden ist und möglichst wenig Zwang angewendet werden muss. Die Voraussetzungen dafür sind in der Regel bei einem Hausbesuch eher gegeben als bei einer Euthanasie in der Praxis. Aus diesen Gründen ist eine Euthanasie nach Möglichkeit in der vertrauten Umgebung für jedes Tier anzustreben. Unter Umständen kann eine Euthanasie beim Hausbesuch auch dazu beitragen, dass der ausführende Tierarzt dieses Erlebnis besser verarbeiten kann. Da das Durchführen der Euthanasie ein Faktor sein kann, der für die hohe Selbstmordrate unter Tierärzten verantwortlich ist [4], ist es für einen Tierarzt auch aus Selbstschutzgründen anzustreben, ein notwendiges Einschläfern so stressarm wie möglich zu gestalten.

Im Einzelfall mag eine Euthanasie in den Praxisräumen der Weg der Wahl sein. Auch in diesem Fall sollte das Erlebnis so tierfreundlich wie möglich gestaltet werden. Hierbei ist es besonders wichtig einen ruhigen, abgeschiedenen Behandlungsraum zu haben, in dem die Besitzer auch vor oder nach der Prozedur noch eine Weile ungestört bei ihrem Tier bleiben können, wenn sie möchten. Je ruhiger und entspannter der Besitzer ist, desto ruhiger ist in der Regel auch das einzuschläfernde Tier. Der abgeschiedene Behandlungsraum sollte zudem die Möglichkeit bieten, die Praxis zu verlassen, ohne durch das Wartezimmer „Spalier laufen" zu müssen. Eine Studie zur Euthanasie in der Tierklinik [12] kam zu dem Ergebnis, dass sich Tierbesitzer die Möglichkeit wünschen, während der Euthanasie anwesend zu sein, und dass sie umfassend darauf vorbereitet werden möchten, was sie erwartet. Zudem stimmten die Teilnehmer der Studie von Martin et al. [12] der Aussage zu, dass das Klinik- bzw. Praxispersonal darin ausgebildet sein sollte, mit den emotionalen Bedürfnissen der Patientenbesitzer umzugehen.

Zusammenfassung

- Bei der Einrichtung von Empfang und Wartezimmer ist auf Platz und die Möglichkeit einer Trennung von verschiedenen Tierarten zu achten.
- Für besonders schwierige Patienten müssen separate Wartemöglichkeiten zur Verfügung stehen.
- Eine Kleintierpraxis sollte über einen zweiten Eingang verfügen, um den Besitzern schwieriger Tiere oder emotional aufgewühlten Besitzern das Betreten bzw. Verlassen der Praxis zu erleichtern.
- Für Decken und Böden müssen schallschluckende Materialien verwendet werden, um die Geräuschbelastung zu reduzieren. Böden müssen zudem den Haftreibwert R9 (besser: R10) aufweisen.
- Der Behandlungsraum sollte groß genug sein, dass sich Praxispersonal und Patienten ungehindert darin bewegen können.

▼

▼

- Der Behandlungstisch muss sicher stehen, feststellbar und mit einer rutschfesten Auflage ausgestattet sein. Die Leuchten müssen dimmbar sein.
- Nach einer Desinfektion des Behandlungstisches sollte immer kurz gewartet werden, bis der Geruch des Desinfektionsmittels verflogen ist.
- Adaptil®- oder Feliway®-Zerstäuber im Behandlungsraum und Wartezimmer können dazu beitragen, den Aufenthalt für die tierischen Patienten angenehmer zu gestalten.
- Im stationären Bereich muss ausreichend Platz vorhanden sein, um große Käfigboxen unterzubringen. Diese lassen sich besser tiergerecht gestalten, vor allem für einen langen Klinikaufenthalt. Vögel, kleine Heimtiere und Katzen sind immer in erhöhten Käfigen unterzubringen.
- Ein tierfreundliches Handling setzt Zeit und ethologische Grundkenntnisse voraus.
- Patienten sollten so wenig wie möglich fixiert werden.
- Hilfsmittel wie ein Anxiety Wrap® oder die Calming Cap® können im Einzelfall hilfreich sein.
- Gut sitzende Korb-Maulkörbe sind gegenüber den Schlaufen-Maulkörben, bei denen der Hund das Maul nicht öffnen kann, immer zu bevorzugen.
- Die Gegenkonditionierung mit Futter oder anderen, hochwertigen Ressourcen ist die beste Möglichkeit, eine Tierarztpraxis positiv für ein Tier zu besetzen. Bei einer Praxis-Phobie muss ein aufwendiges Gewöhnungstraining durchgeführt werden.
- Besitzer sind darin anzuleiten, wie sie mit ihrem Tier ein Medical Training durchführen können und wie sie ihr Tier auf der Autofahrt, im Wartezimmer und im Behandlungsraum optimal unterstützen können.
- Eine Euthanasie sollte mit möglichst wenig Stress, Angst oder Zwang für das betroffene Tier verbunden sein. Bei einem Hausbesuch sind die Voraussetzungen dafür in der Regel besser. In der Praxis sollte eine Euthanasie in einem ruhigen, abgeschiedenen Behandlungsraum durchgeführt werden. Klienten müssen vorab ausführlich aufgeklärt werden und sollten anschließend ausreichend Zeit haben, sich von ihrem Tier zu verabschieden.

Literatur

[1] Anthony A, Ackerman E, Lloyd J. Noise stress in laboratory rodents: I. Behavioral and endocrine responses of mice, rats, and guinea pigs. J Acoust Soc Am 1959; 31: 1437–1440

[2] Andics A, Gábor A, Gácsi M et al. Neural mechanisms for lexical processing in dogs. Science 2016; 353: 1030–1032

[3] Arhant C, Schmied-Wagner C. Der passende Maulkorb für Ihren Hund. Fachstelle für tiergerechte Tierhaltung und Tierschutz; 2017. Im Internet: http://tierschutzkonform.at/wp-content/uploads/tierschutzkonform.at-fttt_folder_maulkorbe.pdf; letzter Zugriff: 28.07.2017

[4] Bartram D, Baldwin D. Veterinary surgeons and suicide: a structured review of possible influences on increased risk. Vet Rec 2010; 166: 388–397

[5] Bergler R. Psychologie der Beziehungen von Heimtieren, Heimtierhaltern und Tierärzten. Zentralblatt für Veterinärmedizin Reihe B 1988; 35: 443–461

[6] Close B, Banister K, Baumans V et al. Recommendations for euthanasia of experimental animals: Part 1. Lab Anim 1996; 30: 293–316

[7] Döring D. Käfigraumausnutzung bei Laborratten [Dissertation]. Berlin, 1999. Im Internet: https://refubium.fu-berlin.de/handle/fub188/12190; letzter Zugriff: 18.06.2018

[8] Hauptverband der gewerblichen Berufsgenossenschaften. Fußböden in Arbeitsräumen und Arbeitsbereichen mit Rutschgefahr. BGR 181, 2003

[9] Herron M, Shreyer T. The pet-friendly veterinary practice: a guide for practitioners. Vet Clin Small Anim 2014; 44: 451–481

[10] Kim Y, Lee J, Abd el-aty A et al. Efficacy of dog-appeasing pheromone (DAP) for ameliorating separation-related behavioral signs in hospitalized dogs. Can Vet J 2010; 51: 80–84

[11] Mariti C, Raspanti E, Zilocchi M et al. The assessment of dog welfare in the waiting room of a veterinary clinic. Anim Welf 2015; 24: 299–305

[12] Martin F, Ruby K, Deking T et al. Factors associated with client, staff, and student satisfaction regarding small animal euthanasia procedures at a veterinary teaching hospital. J Am Vet Med Assoc 2004; 224: 1774–1779

[13] Mills D, Ramos D, Estelles M et al. A triple blind placebo-controlled investigation into the assessment of the effect of Dog Appeasing Pheromone (DAP) on anxiety related behaviour of problem dogs in the veterinary clinic. Appl Anim Behav Sci 2006; 98: 114–126

[14] Nowaka M, Osmanna C, Hackbarth H et al. Medical Training ermöglicht narkosefreie klinische Untersuchungen bei Großen Ameisenbären (Myrmecophaga tridactyla Linné, 1758) im Zoo Dortmund. Zool Gart 2015, 84: 273–295

[15] Pereira J, Fragoso S, Beck A et al. Improving the feline veterinary consultation: the usefulness of Feliway spray in reducing cats' stress. J Feline Med Surg 2016; 18: 959–964

[16] Reinhardt V. Nonhuman primates. In: Liss C, Litwak K, Tilford D, Reinhardt V, eds. Comfortable Quarters for Laboratory Animals. 10. ed. Washington: Animal Welfare Institute, 2015: 160–197

[17] Semple-Rowland S, Dawson W. Retinal cyclic light damage threshold for albino rats. Lab Anim Sci 1987; 37: 289–298

[18] Siracusa C, Manteca X, Cuenca R et al. Effect of a synthetic appeasing pheromone on behavioral, neuroendocrine, immune and acute-phase perioperative stress responses in dogs. J Am Vet Med Assoc 2010; 237: 673–681

2 Hunde

Daphne Ketter, Dorothea Döring

2.1 Allgemeines

2.1.1 Angstverhalten bei Hunden in der Tierarztpraxis

Dorothea Döring

Ergebnisse einer Studie

Erfahrungsgemäß zeigen viele Hunde Angstverhalten beim Tierarzt. Um festzustellen, wie viele Tiere tatsächlich von diesem Problem betroffen sind, führten wir eine Studie in einer Kleintierklinik an 135 gesunden Hunden unterschiedlicher Rassen und beiderlei Geschlechtes durch [3], [10]. Das Verhalten der Hunde wurde beim Eintritt in den Behandlungsraum, beim Aufenthalt im Behandlungsraum auf dem Boden, während einer standardisierten Testuntersuchung auf dem Behandlungstisch sowie beim Verlassen des Behandlungsraumes beobachtet. Bei der Untersuchung auf dem Behandlungstisch handelte es sich um eine standardisierte Allgemeinuntersuchung (Adspektion von Augen, Ohren und Maulschleimhaut, Palpation des Bauches, Messung der rektalen Körpertemperatur und Auskultation). Zusätzlich wurden Daten mittels Fragebogen erhoben.

Die Hunde wurden in die Kategorie „ängstlich" eingeteilt, wenn sie mindestens drei der folgenden fünf Verhaltensmerkmale bei der Untersuchung auf dem Behandlungstisch aufwiesen: geduckte Körperhaltung, gesenkte oder zwischen den Beinen eingekniffene Rute, Zittern, Meideverhalten (versucht, vom Tisch zu springen oder versteckt sich bei seinem Besitzer), starr nach vorne gerichteter Blick.

Der Großteil der Hunde (78,5 % von n = 135) wurde daraufhin als „ängstlich" eingeordnet. Des Weiteren wurde festgestellt, dass über ein Drittel der Hunde zögerlich in den Behandlungsraum lief oder sich hinter dem Besitzer versteckte, acht Tiere mussten an der Leine in den Raum gezogen und zehn von ihnen getragen werden, da sie ihn nicht freiwillig betraten.

Auf dem Behandlungstisch zeigten die Hunde signifikant mehr Zeichen von Angst und Stress als auf dem Boden im Behandlungsraum (Körpersprache, Zittern).

Beim Verlassen des Behandlungsraumes verhielten sich die Hunde signifikant anders als beim Betreten. So zogen nun 84,4 % der Hunde an der Leine hinaus, ohne Leinenzug liefen 12,6 %. Je zwei Hunde liefen zögerlich bzw. mussten getragen werden.

Es stellte sich heraus, dass es signifikante Unterschiede hinsichtlich Alter, Geschlecht und Vorerfahrungen zwischen den „ängstlichen" und den „entspannten" Tieren gab, die bei der Untersuchung auf dem Behandlungstisch keines oder nur eines der oben genannten Verhaltensmerkmale gezeigt hatten. Rüden stellten sich als signifikant weniger ängstlich heraus als Hündinnen. Tiere unter zwei Jahren zeigten sich signifikant weniger ängstlich als ältere Hunde. Tiere, die nach Angaben ihrer Besitzer bereits schlechte Erfahrungen beim Tierarzt gemacht hatten, verhielten sich signifikant ängstlicher als Hunde, die bisher nach Ansicht ihrer Besitzer nur positive Erfahrungen gemacht hatten.

Aus den Ergebnissen der Studie lässt sich schließen, dass der Großteil aller Hunde, die in die Tierarztpraxis kommen, Angstverhalten zeigt und dass somit für diese Tiere der Tierarztbesuch eine Belastung darstellt. Dieser hohe Prozentsatz entspricht auch den Angaben in der Literatur: So zeigten nach Beaver [1] 60 % der Hunde, die in eine Tierarztpraxis gebracht wurden, ängstliches oder submissives Verhalten, und Stanford [12] stellte fest, dass sich sogar 70 % der beobachteten Hunde weigerten, eine Tierklinik zu betreten, und entweder hineingezogen oder getragen werden mussten.

Am Verhalten der Tiere unserer Studie war abzulesen, dass die Situation auf dem Tisch noch eine

Steigerung der Belastungssituation darstellte. Dies kann zum einen daran liegen, dass die Untersuchung auf dem Tisch und nicht am Boden erfolgte. Zum anderen ist plausibel, dass der Tisch eine weniger vertraute und somit beängstigende Situation darstellte oder aber für einen Teil der Hunde bereits mit unangenehmen Erfahrungen verbunden war. Über klassische Konditionierung können unangenehme Erfahrungen wie z. B. schmerzhafte Behandlungen mit Gegenständen, Personen oder Situationen (z. B. Untersuchungstisch, Tierarzt, Praxisräumen) verknüpft werden, sodass diese daraufhin selbst zu Auslösern von Angstverhalten werden können. Jedes negative Erlebnis beeinflusst das Verhalten des Hundes, sodass der folgende Tierarztbesuch immer schwieriger wird. Deshalb sollten geeignete Methoden (S. 41) angewendet werden, um die Angst der Hunde zu reduzieren.

Merke

Empfehlungen aufgrund der Ergebnisse der Studie

- **Man muss davon ausgehen, dass der Großteil alle Patienten beim Tierarztbesuch Angst hat. Dementsprechend sind Maßnahmen zur Stressreduktion bei allen Tieren anzuwenden, die Zeichen für Verunsicherung zeigen.**
- **Das Angstverhalten ist abhängig von negativen Erfahrungen und nimmt mit steigendem Alter – und häufigeren Tierarztbesuchen – zu. Hier ist unbedingt gegenzusteuern: Tierarztbesuche sollen zu positiven Erlebnissen werden. Das Positive sollte mögliche negative Erfahrungen deutlich überwiegen. „Positive Routinen“ sollten daher in den Praxisalltag integriert werden.**
- **Junge Hunde zeigen weniger Angstverhalten als ältere. Insbesondere bei ihnen müssen positive Erfahrungen etabliert werden, um zukünftiges Angstverhalten zu vermeiden. Tierärzte sollten als selbstverständliche Serviceleistungen „Spaßbesuche“ für Welpen anbieten und gezielt eine vertrauensvolle Beziehung zwischen Hund und Tierarzt etablieren.**

2.1.2 Kommunikationsformen

Daphne Ketter

Für den Tierarzt ist es überaus wichtig das Ausdrucksverhalten des Hundes zu verstehen, um sich sowohl um das emotionale wie auch körperliche Wohlergehen des Hundes kümmern zu können. Aber auch im Rahmen der Bissprävention ist es notwendig, dass der Tierarzt sowie andere Menschen, die mit Hunden Umgang haben, das Verhalten eines Hundes richtig deuten können.

Merke

Um das Verhalten eines Hundes verstehen zu können, ist es immer wichtig, die Summe der einzelnen Signale sowie den Kontext zu betrachten. Auch rassespezifische sowie individuelle Besonderheiten müssen bei der Beurteilung berücksichtigt werden.

Im Folgenden wird das optische und akustische Ausdrucksverhalten des Hundes im Hinblick auf die Relevanz hinsichtlich des Handlings in der Tierarztpraxis näher betrachtet.

Optisches Ausdrucksverhalten

Das optische Ausdrucksverhalten (Gestik und Mimik) des Hundes dient der Kommunikation mit der belebten (Mensch, Artgenossen, andere Lebewesen) und auch unbelebten (z. B. Staubsauger, Zentrifuge) Umwelt.

Hunde verfügen über viele optische Ausdrucksmittel. Hierzu gehören:

- Kopf (Ohren, Stirn, Augen, Schnauze)
- Rute
- Rückenhaare
- Körperhaltung und -spannung

Zu beachten ist, dass bei einigen Rassen das optische Ausdrucksverhalten zum Teil nur eingeschränkt möglich ist, wie etwa bei Hunderassen, bei denen die Gesichtshaut an sich in Falten gelegt ist (z. B. englische und französische Bulldogge, Mops, Shar Pei; ▶ **Abb. 2.1**).

Für die richtige Interpretation des Verhaltens des Hundes reicht es nicht aus ein einziges Ausdrucksmittel zu beobachten, wie z. B. die Rute. Nicht selten wird das sogenannte Schwanzwedeln

► **Abb. 2.1** Das Ausdrucksverhalten des Haushundes ist je nach Rasse mehr oder weniger reduziert, was zu intraspezifischen Konflikten führen kann. Eine solche rassebedingte ausgeprägte dauerhafte Faltenbildung im Kopfbereich wie z. B. bei Bulldoggen kann zu Missverständnissen führen. (Quelle: Jane Englmeier, München.)

als Zeichen für einen freundlichen Hund fehlinterpretiert. Es ist immer wichtig die Einzelsignale in ihrer Gesamtheit und im Kontext zu betrachten.

Merke

Das sogenannte Schwanzwedeln ist kein Zeichen von Freude, sondern zeigt lediglich, dass sich der Hund in einer erhöhten Erregungslage befindet.

Hund in neutraler bzw. entspannter Grundstimmung

- Ein stehender Hund, der sich in einer neutralen bzw. entspannten Grundstimmung befindet, trägt den Kopf leicht angehoben und belastet alle vier Gliedmaßen gleichermaßen. Die Muskeln sind weich und entspannt.
- Der Blick ist entspannt und ohne besonderen Fokus. Die Augenbrauen und Augenlider sind entspannt. Die Augen können teilweise auch geschlossen werden. Die Pupillengröße ist den Lichtverhältnissen entsprechend angepasst.
- Die Gesichtshaut ist glatt und ohne Faltenbildung, soweit dies anatomisch möglich ist.
- Bei Hunden mit Stehohren sind die Öffnungen der Ohrmuscheln meist nach vorne und leicht nach außen gedreht. Bei Hängeohren (z. B. Basset Hound) wird die Ohrbasis leicht nach vorne gezogen.
- Das Maul kann offen oder geschlossen sein. Die Lippen sind entspannt.
- Bei vielen Hunderassen hängt die Rute locker bogenförmig herab (z. B. bei vielen Jagdhunderassen, beim Schäferhund). Bei vielen Windhunderassen befindet sich die Rute bei neutraler Grundstimmung des Hundes jedoch zwischen den Hinterbeinen hindurch unter den Bauch gezogen – was normalerweise ein Zeichen von Unsicherheit wäre. Wiederum bei anderen Hunderassen (z. B. Mops, Chow-Chow) befindet sich die Rute über den Rücken gebogen, was als „Dauerimponierhaltung“ fehlinterpretiert werden könnte.

Hierdurch wird deutlich wie wichtig es ist, rassespezifische, aber auch individuelle Besonderheiten der Hunde zu kennen, die in der Praxis vorgestellt werden. Auch aufgrund anatomischer Fehlbildungen seit der Geburt oder aufgrund von Traumata oder operativer Eingriffe können beim Patienten Besonderheiten im optischen Ausdrucksverhalten vorliegen.

Bedeutung in der Tierarztpraxis: Ein Hund in einer neutralen bzw. entspannten Grundstimmung fühlt sich wohl in seiner Umgebung. Das Handling kann fortgesetzt werden.

Aufmerksamer Hund

- Interessiert sich ein Hund für etwas, wird er seinen Blick/Kopf in die Richtung der Situation, welche sein Interesse geweckt hat, ausrichten und evtl. auch seinen ganzen Körper der Situation zuwenden.
- Die Ohren zeigen ebenfalls in diese Richtung.
- Im Vergleich zum entspannten Hund ist die Körpermuskulatur etwas angespannter.
- Die Rute wird je nach Erregungslage des Hundes auf halber Höhe (soweit dies rassebedingt möglich ist) hin und her bewegt.

Bedeutung in der Tierarztpraxis: Ein aufmerksamer Hund ist reaktionsfreudiger als ein Hund in entspannter Grundstimmung. Seine Aufmerksamkeit sollte gezielt auf Dinge gelenkt werden, die er positiv wahrnimmt, z. B. Belohnung für ruhiges Stehen. Das Handling kann fortgesetzt werden.

Unsicherer bzw. ängstlicher Hund

Überblick
Unsicherer bzw. ängstlicher Hund
Körperhaltung
- Kopf und Hals sind eingezogen, der Kopf wird tief gehalten.
- Der Hund macht sich klein und verlagert das Gewicht eher auf seine Hinterhand.
- Die Gelenke der Gliedmaßen sind vorwiegend gebeugt.
- Die Rute
  - wird tief getragen
  - wird bei zunehmender Angst bis unter den Bauch gezogen

Mimik (bei zunehmender Angst)
- Der Blick ist häufig nicht fokussiert.
- Die Augen sind groß und die Pupillen geweitet (Mydriasis).
- Die Gesichtshaut ist glatt.
- Die Ohren sind nach hinten gezogen.
- Die Länge der Maulspalte nimmt zu und die Maulwinkel werden zunehmend zurückgezogen.

Lautäußerungen
- evtl. Winseln, Jaulen, Heulen, Schreien, Knurren und Bellen

Bei einem unsicheren bzw. ängstlichen Hund weisen die Ausdruckselemente zunehmend weg von dem angstauslösenden Stimulus. Hunde, die Angst haben, können auch vor Angst regelrecht erstarren (Angststarre). Außerdem weigern sie sich oftmals weiterzugehen.

Bedeutung in der Tierarztpraxis: Angst ist eine angeborene negative Emotion. Daher sollten auch in der Tierarztpraxis Situationen, die den Hund ängstigen, so gut wie möglich vermieden werden.

Angstaggressiver Hund

Überblick
Angstaggressiver Hund – Abwehrdrohen
Körperhaltung
- Der Hund hat evtl. eingeknickte Gliedmaßen („Sich-Klein-Machen").
- Die Rute wird meist bis unter den Bauch gezogen.
- Die Haare sind evtl. aufgestellt.

Mimik
- Der Lippenspalt ist lang.
- Die Maulwinkel sind spitz.
- Zähneblecken: Hochziehen der Lefzen – die Zähne sind bis in den Backenzahnbereich sichtbar und das Zahnfleisch ist zu sehen.
- Die Ohren sind eng an den Hinterkopf gelegt.

Lautäußerungen ([11], [8]):
- evtl. Fauchen, Schrei-Fauchen, Knurren, Knurr-Fauchen

Bei einem angstaggressiven Hund sieht man wie beim ängstlichen Hund nach hinten gezogene Ohren und lange Maulwinkel, jedoch kommt die Komponente des Drohens hinzu (Abwehrdrohen).

Das Öffnen des Fangs gehört bereits zum Angriff. Gebissklappern ist ein Zeichen höchster Angst und höchster Verteidigungsbereitschaft.

Bedeutung in der Tierarztpraxis: Ein unsicherer bzw. ängstlicher Hund kann angstaggressives Verhalten zeigen, wenn er sich bedroht fühlt und nicht die Möglichkeit hat der vermeintlichen Gefahr aus dem Weg zu gehen. Es sollte genau überlegt werden, welche Maßnahmen möglich sind, damit sich die Situation für den Hund weniger bedrohlich anfühlt. Eine weitere Provokation kann dazu führen, dass der Hund sich verteidigen wird.

Offensiv drohender Hund

Überblick
Offensiv drohender Hund – Angriffsdrohen

Körperhaltung ([11], [8])

- Der Hund hat entweder maximal gestreckte (Imponiertendenz) oder leicht eingeknickte Gliedmaßen (Angriffstendenz).
- Die Rute wird entweder über der Rückenlinie bogenförmig (Imponiertendenz) oder waagrecht nach hinten (Angriffstendenz) getragen.
- Die Haare sind insbesondere im Bereich des Halses und des Nackens bei vielen Hunden aufgestellt.
- Der Kopf ist entweder nach vorne gezogen (Tendenz zum Angriff) oder hochgehoben (Imponiertendenz).

Mimik (reines Offensivdrohen)

- Zähneblecken: Die Zähne sind nur im vorderen Schnauzenbereich sichtbar.
- Die Maulwinkel sind kurz und rund.
- Der Gegner wird starr fixiert.
- Die Ohren sind nach vorne gerichtet.
- Der Nasenrücken und die Stirn sind in Falten gelegt.

Lautäußerungen

- evtl. tiefes Knurren oder Fauchen

Zu beachten ist, dass im Drohverhalten bei Hunden auch häufig Mischformen zu sehen sind – d. h. kein reines Abwehr- bzw. Angriffsdrohen (► Abb. 2.2).

Bedeutung in der Tierarztpraxis: Ein Hund, der offensiv droht, ist bereit bei einer geringen weiteren Provokation einen Angriff zu starten. Es müssen sofortige Maßnahmen getroffen werden, um einen Angriff bzw. eine Eskalation der Situation zu verhindern.

Akustisches Ausdrucksverhalten

Das Lautäußerungsverhalten des Hundes ist sehr vielfältig. Zum Lautrepertoire gehören Bellen, Wuffen, Knurren, Fiepen und Winseln, Heulen, Schreien, Fauchen, Schrappen, Keifen sowie Infantillaute [4]. Haushunde sind lautäußerungsfreudiger als Wölfe. Hierbei gibt es aber auch rassespezifische Unterschiede zu beobachten.

Bellen

Hunde bellen in vielen Situationen. Bellen ist nicht gleich Bellen. Bellen kann in allen möglichen sozialen Situationen eingesetzt werden, wie etwa zur Begrüßung, zur Verteidigung, zur Spielaufforderung etc. Ein Bellen zur Begrüßung hört sich jedoch ganz anders an als ein Bellen bei aggressiven Auseinandersetzungen. So konnten Hörer von Belllauten (Tonaufnahmen eines Mudi) das jeweilige Bellen, welches ihnen vorgespielt worden war, weit über dem Zufallslevel der richtigen Situation zuordnen [9]. Auch in der Tierarztpraxis kann das Bellen eines Hundes einen wichtigen Hinweis über dessen emotionalen Zustand und die jeweilige Situation geben, insbesondere wenn der Hund beispielsweise aufgrund seiner Rassezugehörigkeit in seinem optischen Ausdrucksverhalten eingeschränkt ist. Zeigt ein Hund z. B. defensives Drohbellen, sollte genau überlegt werden, welche Maßnahmen möglich sind, damit die Situation auf den Hund weniger bedrohlich wirkt.

Einige Hundebesitzer erzählen auch, dass ihr Hund nach einem stationären Aufenthalt in der Tierarztpraxis/Tierklinik zu Hause nun sehr viel bellt bzw. heiser ist vom vielen Bellen in der Klinik. Im Nachhinein ist es immer schwierig herauszufinden, warum der Hund so viel gebellt oder andere Lautäußerungen von sich gegeben hat.

Bellt ein Hund in der Praxis/Klinik viel, sollte an sich eruiert werden, warum dies so ist und es sollten, wenn möglich, entsprechende Maßnahmen (S. 44) eingeleitet werden. Ein ständiges Bellen kann außerdem Stress für die Menschen und Tiere bedeuten, die sich in Hörweite befinden.

Knurren

Knurren kann sowohl beim Angriffs- als auch beim Abwehrdrohen, aber auch im Rahmen des Spielens vorkommen. Auf keinen Fall sollte ein Hund für „Knurren" körperlich bestraft werden. Durch körperliche Gewaltanwendung kann es zur Eskalation der Situation und auch zu Verletzungen der Beteiligten kommen. Außerdem ist es höchst gefährlich, wenn ein Hund evtl. dadurch lernen würde, nicht mehr zu drohen, sondern gleich anzugreifen.

▸ **Abb. 2.2** Offensives und defensives Drohen beim Hund. (Zeichnung: Dr. Dorothea Döring, München. Quelle: Schneider B, Ketter D. Verhaltensmedizin bei Hund und Katze. Stuttgart: Schattauer, 2016, S. 175)
a Überwiegend offensives Drohen: aufgestellte Ohren und runde Maulwinkel.
b Überwiegend defensives Drohen: angelegte Ohren und spitze Maulwinkel.

Lautäußerungen bei neutraler Grundstimmung, Angst und Aggression

Hund in neutraler/entspannter Grundstimmung

Ein entspannter Hund (S. 30) vokalisiert normalerweise nicht.

Unsicherer bzw. ängstlicher Hund

Lautäußerungen, mit denen der Hund Unsicherheit oder Angst (S. 31) ausdrücken kann, sind Winseln, Jaulen, Heulen, Schreien, Knurren und Bellen.

Angstaggressiver Hund

Lautäußerungen wie Fauchen, Schrei-Fauchen, Knurren, Knurr-Fauchen ([11], [8]) oder auch Bellen können beim Abwehrdrohen (S. 31) vorkommen.

Offensiv drohender Hund

Ein offensiv drohender Hund (S. 32) kann evtl. tief knurren oder fauchen → Abwehrdrohen, Angriffsdrohen

2.1.3 Schmerzen

Daphne Ketter

Das Erkennen von Schmerzen beim Hund ist nicht immer einfach.

Der Stressor „Schmerz“ bewirkt eine Stimulation des sympathischen Nervensystems. Hierdurch kommt es zu Tachykardie, Hypertonie und Hyperventilation. Es gibt jedoch auch andere Stressoren, die aufgrund der Stimulation des sympathischen Nervensystems dazu führen können. Daher sind diese Parameter unzureichend, um Schmerzen feststellen zu können. Weitere Anzeichen für Schmerzen sind beispielsweise abnormale Körperhaltung, Lahmheit, Immobilisation, das Lecken und Beknabbern von schmerzhaften Stellen, Gewichtsreduktion, struppiges Fell, Gereiztheit, Unruhe, Depression, Aggression, Schmerzlaute wie Heulen und Schreien.

Bei längerem Bestehen von Schmerzen kann es zu einem sogenannten **Schmerzgedächtnis** kommen. Das Schmerzgedächtnis entspricht einer chronischen Übererregbarkeit der Nervenzelle und erinnert an den ursprünglichen Schmerz, obwohl der ursprüngliche Auslöser nicht mehr vorhanden ist [5].

Genaue Beobachtung

Um Schmerzen frühzeitig erkennen und effektiv behandeln zu können, kann der Tierhalter viel dazu beitragen, indem er sein Tier genau beobachtet. Tierbesitzer erkennen den akuten Schmerz meist leichter als den chronischen Schmerz. Gerade bei Hunden im Seniorenalter werden Wesensveränderungen dem Alter zugeschrieben. Gerade solche Veränderungen können jedoch einen wichtigen Hinweis auf evtl. vorliegende Schmerzen geben. Daher sollte der Hundebesitzer darüber aufgeklärt werden, wie wichtig es ist, seinen Hund genau zu beobachten. ITIS (Initiative tiermedizinische Schmerztherapie) bietet in Kooperation mit der Bundestierärztekammer (BTK), der Deutschen Veterinärmedizinischen Gesellschaft (DVG) und Deutschen Gesellschaft für Kleintiermedizin der DVG (DGK-DVG) ein Merkblatt zum Thema „Hat mein Hund Schmerzen?“ an, welches Sie dem Tierhalter mitgeben können [6].

Besonders bei chronischen Schmerzen ist es meist sinnvoll, die Gabe von Schmerzmitteln mit weiteren Maßnahmen zu kombinieren. Physiotherapeutische Übungen können beispielsweise die Muskelkraft und Beweglichkeit erhöhen. Ein Hund sollte jedoch allmählich an solche Übungen gewöhnt werden.

Unterwasserlaufband

Wird ein Unterwasserlaufband benutzt, sollte der Hund langsam daran gewöhnt werden. Das Tempo bestimmt der Hund. Besonders gut zur Gegenkonditionierung (S. 20) eignet sich anfangs eine Futtertube. Der Vorteil an einer Futtertube ist, dass durch das Drücken auf die Tube das Futter kontinuierlich gegeben werden und die Aufmerksamkeit des Hundes länger gehalten werden kann. Dies kann gerade am Anfang des Trainings sehr nützlich sein. Es gibt bereits befüllte und auch befüllbare Tuben zu kaufen. Gerade für Hunde, die nur ein bestimmtes Futter bekommen dürfen, eignet sich eine befüllbare Tube besonders gut. Wie bei jeder Futterbelohnung sollte das verabreichte Futter mit in die Tagesration des Hundes eingerechnet werden. Übergewicht bedeutet mehr Belastung für die Gelenke, was zu Schmerzen führen kann.

Ähnlich wie bei der Gewöhnung an das Autofahren (S. 37) (s. a. Anhang (S. 114)) ist es wichtig, dass der Hund lernt

- entspannt und ruhig „ein- und auszusteigen“,
- entspannt in einem so eng bemessenen „Becken“ zu sein (ohne Wendemöglichkeiten etc.),
- entspannt zu bleiben, während das Wasser seinen Körper immer mehr umfließt,
- ohne Probleme auf dem Unterwasserband zu laufen (verschiedene Geschwindigkeiten).

Es muss auf eine optimale Ausrichtung des Hundes auf dem Unterwasserlaufband geachtet werden. Der Hund sollte keinen überstreckten Hals haben, während er auf dem Unterwasserlaufband steht. Der Belohnungspunkt mit der Futtertube sollte so gewählt werden, dass der Hund eine anatomisch für ihn günstige Position einnehmen kann.

2.2 Vorbereitung auf den Tierarztbesuch

Daphne Ketter

Um dem Hund den Tierarztbesuch so angenehm wie möglich zu gestalten, sollten einige Dinge bereits im Vorfeld beachtet werden. Hier spielen u. a. auch der Züchter, die richtige Auswahl von Leine, Brustgeschirr, Halsband und Maulkorb sowie eine solide Grunderziehung eine Rolle.

2.2.1 Züchter

Bereits die Zeit beim Züchter nimmt Einfluss auf das Verhalten des Hundes im späteren Leben – und so auch in der Tierarztpraxis. Denn auch hier wird der Hund mit „alltäglichen“ Reizen, wie etwa der Begegnung mit Menschen, Artgenossen oder verschiedenen Bodenbeschaffenheiten, konfrontiert. Gemäß der Tierschutz-Hundeverordnung [13] darf ein Welpe erst im Alter von über acht Wochen vom Muttertier getrennt werden. Außerdem ist zu beachten, dass Welpen aus dem Ausland aufgrund der europarechtlich vorgeschriebenen Tollwutimpfung erst ab einem Alter von 15 Wochen nach Deutschland gebracht werden dürfen. Ein Hund aus dem Ausland verbringt also seine gesamte sensible Phase (3. bis ca. 12.–14. Lebenswoche) beim Züchter. Vor allem die 3.–5. Lebenswoche hat eine besondere Bedeutung in Bezug auf Habituation und Sozialisierung, da der Welpe in dieser Zeit angstfrei auf Neues zugeht und anhand der gemachten Erfahrungen sein eigenes Referenzsystem bildet. Dadurch wird klar, wie wichtig die Bedingungen beim Züchter sind – und diese sollten denen bei den zukünftigen Besitzern bereits sehr ähnlich sein. Die Welpen sollten schon beim Züchter gängige Alltagsreize kennenlernen. Kontaktmöglichkeiten mit verschiedenen Menschen (Männer, Frauen, Kinder) sowie mit anderen Hunden verschiedener Rassen sollten vorhanden sein [7]. Die Welpen sollten bereits beim Züchter an ein behutsames Handling (S. 23), z. B. Hochheben oder Maulöffnen, gewöhnt werden. Die ersten Begegnungen mit dem Tierarzt sollten so positiv wie möglich behaftet sein.

2.2.2 Hundeerziehung

Die Hund-Halter-Beziehung spielt beim Tierarztbesuch ebenfalls eine Rolle. Der Mensch sollte den Hund gewaltfrei erziehen und Führungsverantwortung übernehmen.

Es gibt viele **Signale** (**Kommandos**), die auch für den Tierarztbesuch sehr hilfreich sein können. Gleichgültig auf welche Kommandos der Hund später reagieren soll – alle Signale müssen eindeutig sein. Es ist auch anzuraten einem akustischen Signal unterstützend ein Handzeichen/eine Geste zuzuordnen. Dies zahlt sich gerade bei älteren Patienten aus, die in ihrem Wahrnehmungsvermögen oftmals eingeschränkter sind, z. B. wenn sie nur noch über ein geringes Hörvermögen oder geringes Sehvermögen verfügen.

Hilfreich für ein stressreduzierendes Handling in der Praxis wären etwa Signale für

- Sternallage mit nach vorn ausgestreckten Vordergliedmaßen, z. B. für die Blutdruckmessung
- Maulöffnen, z. B. zur Adspektion der Maulhöhle
- Pfote geben, z. B. zum Verbandswechsel
- rechte Seitenlage, z. B. zur Ultraschalluntersuchung oder zur Erstellung eines Elektrokardiogramms
- Stehenbleiben, z. B. zum Abtasten des Abdomens
- Rückenlage, z. B. zur Ultraschalluntersuchung

Wurden diese Signale mit dem Hund schon ausgiebig geübt, hat dies den Vorteil, dass der Hund in bestimmte Positionen gebracht werden kann. Dies beschleunigt den Untersuchungsgang und trägt dazu bei den Stresslevel aller Beteiligten (Hund, Halter, Tierarzt und andere beteiligten Personen) möglichst niedrig zu halten.

Das allein reicht aber nicht aus, um einen Hund auf tierärztliche Untersuchungen und Behandlungen vorzubereiten. Der Hund sollte auch daran gewöhnt sein, hochgehoben, festgehalten, an verschiedenen Körperteilen angefasst und untersucht zu werden. Ein Training mit Tieren, welches zur Vorbereitung auf Untersuchungen in der Tierarztpraxis dient, wird als „Medical Training (S. 23)“ bezeichnet. Bereits beim Training muß darauf geachtet werden, Stress zu minimieren z. B. durch strukturiertes Training mit kleinen Lernschritten und Vermeidung von Überforderung. Allgemeine Stresssymptome sind z. B. Hecheln, Anspannung des Körpers, Zittern, starker Haarausfall, Schuppenbildung, feuchte Pfotenballen (Schweißdrüsen), Durchfall, Futterverweigerung, Fiepen, Bellen.

Daher muss darauf geachtet werden, dass die „Manipulationen“ für den Hund möglichst positiv erlebt werden. Dies kann man beispielsweise mittels „Clickertraining“ erreichen.

Clickertraining

Für das sogenannte Clickertraining kann ein Clicker (ein Gerät, das ein akustisches Signal in Form eines „Clicks“ erzeugt) oder auch ein Markerwort (z. B. „Click“) verwendet werden. Der Nachteil eines Markerwortes ist, dass es unterschiedlich klingen kann – etwa aufgrund des Gemütszustandes des Trainers. Der Vorteil des Markerwortes ist, dass man keine Hand braucht, um das akustische „Click“-Signal ertönen zu lassen. Hierdurch hat man beide Hände durchgehend für andere Tätigkeiten frei.

Bevor das eigentliche Medical Training mit dem „Click"-Signal als positiver Sekundärverstärker gestartet werden kann, muss der Clicker bzw. das Markerwort (S. 60) konditioniert werden. Ist dies erfolgt, kann das „Click"-Signal als positiver Sekundärverstärker eingesetzt werden.

Alleinbleiben

Hunde sind obligat sozial lebende Rudeltiere. An das Alleinbleiben sollte ein Hund stets langsam gewöhnt werden. Kennt ein Hund das Alleinbleiben nicht, kann der Aufenthalt in einer fremden Umgebung ohne die Bezugsperson ein großes Problem darstellen. Insbesondere, wenn der Hund eine sehr enge Beziehung zu einer Person hat, kann sich die Trennung von dieser Person in Form von Trennungsangst zeigen. Schon eine kurze Trennung von der Bezugsperson – etwa, wenn der Hund zum Röntgen mitgenommen wird – kann enormen Stress für den Hund bedeuten. Auch wenn Hunde in der gewohnten Umgebung allein bleiben, heißt das nicht, dass sie auch in einer fremden Umgebung allein gelassen werden können. Daher sollte man bei fortgeschrittenem Training das Alleinbleiben auch in ungewohnter Umgebung üben.

Wenn ein Hund an einem bestimmten Platz länger bleiben soll, kann als Hilfsmittel eine enge Ortsverknüpfung zu einer speziellen Unterlage (z. B. eine Decke) nützlich sein. Diese Unterlage kann dann auch mit in die Tierarztpraxis genommen werden. Damit dies klappt, muss ein Liegeplatztraining (S. 115) durchgeführt werden. Das Ziel des Trainings ist es, dass der Hund auf dieser Decke eine entspannte Position auch in fremder Umgebung einnimmt – sowohl in Anwesenheit als auch in Abwesenheit der Bezugsperson. Es ist auch ratsam dies auf verschiedenen Decken zu trainieren, da Decken auch ab und zu ausgetauscht werden müssen (z. B. aus hygienischen Gründen).

! Merke
Prophylaktisch sollte jeder Hund langsam an das Alleinbleiben gewöhnt werden.

Wird eine bereits bestehende Trennungsangst vermutet, sollte der Patient an einen verhaltenstherapeutisch tätigen Tierarzt überwiesen werden.

2.2.3 Halsband, Brustgeschirr, Leine und Maulkorb

In vielen Situationen ist es nötig, den Hund mit Hilfsmitteln unter Kontrolle zu halten – auch in der Tierarztpraxis ist eine solche Sicherung nicht selten erforderlich.

Zur Stressminimierung sollte ein Hund bereits im Welpenalter behutsam an Halsband, Brustgeschirr, Leine und Maulkorb gewöhnt werden. Unabhängig von der Art des Hilfsmittels ist es wichtig, für jeden Hund individuell das Passende (Größe, Material etc.) auszusuchen. Dies gilt nicht nur für den Alltag, sondern auch für die Tierarztpraxis.

So kann der Tierarztbesuch etwa aufgrund eines ungeeigneten Halsbandes/Brustgeschirrs – aus dem der Hund ohne weiteres herausschlüpfen kann – zum Problem werden. Ein Einfangen des Hundes bedeutet neben dem Stress für das Tier auch einen zusätzlichen Zeitaufwand sowie evtl. Verletzungen (z. B. Kratzwunden, Bissverletzungen) für den Tierarzt bzw. das Personal.

Halsband, Geschirr, Leine

Am besten sollte ein Hund bereits von Anfang an sowohl an Halsband als auch an ein Brustgeschirr gewöhnt werden. Sollte der Hund etwa aufgrund eines operativen Eingriffs schmerzhaft im Bereich der Brust sein, kann er dann alternativ zum Brustgeschirr ohne Probleme ein Halsband tragen.

Für regelrechte Ausbruchkünstler kann ein sogenanntes Sicherheitsgeschirr empfohlen werden. Das Sicherheitsgeschirr hat hinter dem üblichen Bauchgurt noch einen weiteren. Auch beim Sicherheitsgeschirr muss auf die genaue Passform geachtet werden. Einige Hersteller bieten Sonderanfertigungen für Halsband und Geschirre an. Ein genaues Maßnehmen (z. B. Halsumfang, Brustumfang, Bruststeg, Rückensteg, Brustumfang für Sicherheitsgeschirre) ist hierfür unerlässlich.

Aversiv wirkende Modelle (z. B. Endloswürger, Stachelhalsbänder, Korallenhalsbänder, Erziehungsgeschirre mit Zugwirkung unter den Achselhöhlen) sind als Hilfsmittel abzulehnen. Hundehalter, die diese verwenden, sollten darüber aufgeklärt werden, welche Auswirkungen diese auf den Hund haben können. Gegebenenfalls kann auch eine Überweisung zum verhaltenstherapeutisch tätigen Tierarzt sinnvoll sein, insbesondere wenn bereits eine Angst- oder Aggressionsproblematik vorliegt. Jedoch sind vorbeugende Maßnahmen vorzuziehen, die eine solche Problematik gar nicht erst entstehen lassen.

Merke

Aversiv wirkende Modelle (z. B. Endloswürger) sind als Hilfsmittel sowohl im Alltag wie auch in der Tierarztpraxis abzulehnen. Zum einen werden durch den Einsatz dieser Hilfsmittel dem Hund Schmerzen zugefügt, zum anderen kann es zu einer angstauslösenden Verknüpfung kommen. Dies kann zu Angstproblemen und auch zu angstaggressivem Verhalten führen.

Auch eine **gute Leinenführigkeit**, also das Gehen des Hundes an der Leine ohne zu ziehen, ist von Vorteil, um ihn ohne Probleme an verschiedene Stellen innerhalb der Praxis bringen zu können. Damit ein Hund lernt ohne Zug an der Leine zu laufen, sollte u. a. konsequent darauf geachtet werden, dass das Ziehen an der Leine keinen Erfolg bringt. So darf beispielsweise kein Weiterkommen des Hundes in seine gewünschte Richtung unter Leinenzug stattfinden.

Maulkorb

Im Rahmen der tierärztlichen Untersuchungen und Behandlungen kann es nötig sein, dass der Hund zum Schutz der beteiligten Personen einen Maulkorb tragen sollte. Ist der Hund bisher an keinen Maulkorb gewöhnt worden, ist allein das Tragen des Maulkorbs schon mit Stress verbunden. Aber nicht nur beim Tierarzt, sondern auch in anderen Situationen kann das Tragen eines Maulkorbs erforderlich sein. So müssen z.B. bei der Deutschen Bahn [2] alle Hunde, die nicht in einem Transportbehälter mitgenommen werden, an der Leine geführt werden und einen Maulkorb tragen (ausgenommen sind Blindenführhunde und Begleithunde eines schwerbehinderten Menschen).

Damit ein Hund jedoch ohne Probleme einen Maulkorb tragen kann, muss er langsam daran gewöhnt werden. In dieser Gewöhnungsphase (S.116) ist es wichtig, dass der Hund keine negativen Erfahrungen – etwa im Rahmen eines Tierarztbesuches – macht, die er mit dem Maulkorb verbinden könnte.

Gerade bei evtl. schmerzhaften Eingriffen können Hunde, die an sich eine sehr hohe Toleranzgrenze haben und normalerweise keine aggressiven Reaktionen beim Handling zeigen, plötzlich aggressiv reagieren. In solchen Fällen kann es dann zu Bissverletzungen kommen. Wird jedoch ein gut passender Maulkorb verwendet, sind die beteiligten Personen vor solchen Verletzungen geschützt. Dieses Sicherheitsgefühl lässt ein entspannteres Arbeiten zu, was wiederum das Verhalten des Hundes positiv beeinflussen kann.

Maulkörbe gibt es in verschiedensten Ausfertigungen. Es gibt Modelle (z.B. Nylonmaulkörbe und Maulschlaufen), die dem Hund das Hecheln und Trinken nicht ermöglichen. Der Vorteil von solchen Maulkörben ist der gute Schutz vor Bissverletzungen, da sie das Maul so eng umschließen, dass ein Öffnen des Kiefers nicht mehr möglich ist. Diese dürfen jedoch nur für wenige Minuten zum Einsatz kommen. Trägt der Hund einen Maulkorb über einen längeren Zeitraum, dürfen nur Maulkörbe verwendet werden, die das Hecheln und Trinken ermöglichen. Dies muss auch in der Tierarztpraxis beachtet werden. Außerdem sollte ein Maulkorb nicht immer erst vor einer unangenehmen Situation angelegt werden, da sonst die Gefahr besteht, dass der Hund den Maulkorb mit negativen Erlebnissen verknüpft.

Merke

Am besten sollte jeder Hund von Anfang an langsam an das Tragen eines Maulkorbs gewöhnt werden. Somit kann der Maulkorb im Bedarfsfall ohne Probleme zum Einsatz kommen.

Ein Nachteil des Maulkorbs ist es jedoch, dass die Mimik des Hundes nicht mehr so gut zu erkennen ist.

2.2.4 Der Weg zum Tierarzt und Auslastung vor dem Tierarztbesuch

Bereits der Weg zum Tierarzt sollte so stressarm wie möglich gestaltet werden. Der Hund sollte vor dem Tierarztbesuch die Möglichkeit haben Kot und Urin abzusetzen. Gerade nach einer längeren Autofahrt sollte darauf geachtet werden.

Autofahrt

Viele Hunde werden mit dem Auto zum Tierarzt gefahren. Wenn ein Hund mit dem Auto transportiert wird, sollte auch darauf geachtet werden, dass er das Autofahren möglichst stressfrei erlebt.

Am besten werden bereits Hundewelpen langsam an das Autofahren gewöhnt. Der Züchter kann bereits damit beginnen. Aber auch ältere Hunde können und sollten an das Autofahren (S. 114) langsam gewöhnt werden. Ein Hund sollte lernen entspannt und ruhig ein- und auszusteigen und während der Fahrt entspannt zu sein. Eine Rampe als Einstiegs- und Ausstiegshilfe kann nötig sein. Der Platz im Auto muss so gewählt werden, dass der Hund sich wohl fühlt. Es gibt Hunde, die mit der Sicht aus dem Auto gut zurechtkommen und andere, für die es besser ist, keinen Blick nach draußen zu haben, da es sie in einen zu hohen Erregungszustand versetzt.

Je nach Dauer der Anreise sollten auch genügend Pausen eingeplant werden. Es ist darauf zu achten, dass der Hund ausreichend Wasser zum Trinken bekommt. Auch Hitze kann zu negativen Erfahrungen im Auto führen. Es muss darauf geachtet werden, dass es im Wagen nicht zu warm wird.

Leidet der Hund im Auto an Kinetose (Reisekrankheit), sollten Medikamente (z. B. Antiemetikum) unterstützend zum Einsatz kommen. Somit werden weitere negative Erfahrungen aufgrund der Reisekrankheit verhindert. Symptome der Übelkeit können z. B. starke Unruhe, Wimmern, Speicheln, erhöhte Atemfrequenz oder Erbrechen sein.

Der Termin für den Tierarztbesuch sollte, wenn möglich, in eine verkehrsarme Zeit gelegt werden.

Straßenverkehr, Fahrt mit öffentlichen Verkehrsmitteln

Auch an die Fahrt mit öffentlichen Verkehrsmitteln sollte der Hund bereits im Welpenalter langsam gewöhnt werden. Für die Fahrt zum Tierarzt sollte möglichst eine Zeit gewählt werden, in denen die Verkehrsmittel nicht so voll sind. Hat der Hund auf stark befahrenen Straßen oder auf Gehwegen mit vielen Menschen Probleme, sollten ruhige Nebenstraßen bevorzugt werden, um zum Tierarzt zu gelangen.

Körperliche und geistige Auslastung

Bevor ein Hund in der Tierarztpraxis erscheint, sollte er nach Möglichkeit bereits körperlich und geistig gefordert worden sein. Das Verhalten des Tieres in der Praxis kann durch eine geistige und körperliche Auslastung günstig beeinflusst werden. Diese muss stets individuell an den Hund angepasst sein – so spielen etwa Alter, Rasse und auch Gesundheitszustand des Hundes eine wichtige Rolle bei der Auswahl der Maßnahmen für eine passende Auslastung. Auf keinen Fall sollte der Hund überfordert werden. Insbesondere bei Welpen sollte darauf geachtet werden, dass sie genügend Ruhephasen haben und die Beschäftigungsphasen nicht zu lang sind.

2.3 Situationen in der Tierarztpraxis

Daphne Ketter

Der Tierarztbesuch sollte für alle Beteiligten, d. h. für Tier und Mensch, so stressarm wie möglich vonstattengehen. Besuche in der Tierarztpraxis sollten so positiv wie möglich behaftet sein. Damit Hunde viele positive Erfahrungen in der Tierarztpraxis sammeln können, sollten auch „Kurzbesuche" eingeplant werden – so kann etwa der Hund zum Wiegen vorbeikommen oder er macht „Sitz" auf dem Behandlungstisch, und in beiden Fällen wird er dafür belohnt. Bei Hunden, die sehr ängstlich sind oder bereits äußerst negative Erfahrungen in der Tierarztpraxis gemacht haben, sollte eine Gegenkonditionierung (S. 20) in Bezug auf die Tierarztpraxis durchgeführt werden.

2.3.1 Mensch-Hund-Begegnungen

In der Tierarztpraxis finden häufig Mensch-Hund-Begegnungen statt, z. B. mit anderen Patientenbesitzern, den Tierärzten und tiermedizinischen Fachangestellten.

Jeder Hund geht individuell mit der Begegnung mit Menschen um. Hier spielt u. a. die sensible Phase (S. 34) eine wichtige Rolle. Angst vor Menschen kann aufgrund einer schlechten Sozialisierung auf Menschen oder auch schlechter Erfahrungen entstehen. Aggression gegenüber unbekannten Personen ist meist angst- oder territorialbedingt.

Wenn ein Hund Schwierigkeiten im Umgang mit Menschen hat, sollte dies auch notiert werden. Je nach Problematik sollten entsprechende Maßnahmen vollzogen werden. Hat ein Hund z. B. Angst vor Männern, sollte der Kontakt mit männlichem Personal in der Tierarztpraxis soweit wie möglich vermieden werden. Ein Hund kann sich auch ängstlich aufgrund der Bekleidung verhalten (z. B. weißer Arztkittel). In diesem Fall ist es ratsam auf entsprechende angstauslösende Bekleidung zu verzichten. Liegt eine umfassendere Problematik in der Mensch-Hund-Beziehung vor, sollte der Hund an einen verhaltenstherapeutisch tätigen Tierarzt überwiesen werden.

Situationen mit Menschen, die ein Hund von Natur aus als bedrohlich empfinden könnte, sollten in der Tierarztpraxis so weit wie möglich vermieden werden.

Personen, die mit Hunden zu tun haben, sollten unbedingt auf ihre Körpersprache (S. 44) achten. Diese sollte nicht bedrohlich auf den Hund wirken. Das Personal einer Tierarztpraxis muss nicht nur das Ausdrucksverhalten des Hundes richtig deuten können, sondern auch über entsprechende Kenntnisse über die Wirkung des eigenen Ausdrucksverhaltens auf das Hundeverhalten verfügen.

Zu einer nicht bedrohlichen Körpersprache bzw. nicht bedrohlichem Verhalten gegenüber Hunden gehört u. a. den Oberkörper zur Seite zu wenden und die Vermeidung des direkten Blickkontaktes. Bei einem unsicheren Hund können Sie gegebenenfalls auch in die Hocke gehen. Bei Hunden, die bereits Drohverhalten zeigen, sollte auf die Hockstellung verzichtet werden. Insbesondere der Halsbereich des Menschen (Blutgefäße: Arteria carotis communis!) sollte vor Angriffen geschützt werden.

Auch der Besitzer sollte darauf hingewiesen werden, wenn sein Hund seine Körpersprache bzw. sein Verhalten als bedrohlich empfindet.

Sollte die Gefahr bestehen, dass der Hund einen Menschen beißen könnte, sollte er vorsichtshalber einen Maulkorb tragen. Im optimalen Fall ist der Hund bereits an das Tragen eines Maulkorbs (S. 116) gewöhnt worden und kann diesen ohne Probleme tragen.

2.3.2 Behandlungsraum und Handling des Patienten

Zu einem stressfreieren Tierarztbesuch gehört auch die Vorbereitung der Räume.

Der Behandlungsraum sollte nach Möglichkeit vorbereitet sein, bevor der Patient diesen betritt. Kommt das Tier beispielsweise zur Blutabnahme, sollte alles bereitstehen, was dafür nötig ist. Die Desinfektion des Behandlungstisches sollte nicht in Anwesenheit des Patienten erfolgen, sondern bereits davor. Der intensive Geruch des Desinfektionsmittels kann für den Hund sehr unangenehm sein. Werden Sprühflaschen verwendet, kann das Sprühgeräusch den Hund auch zusätzlich verunsichern.

Kommt der Hund in den Raum, sollten Sie ihm die Zeit lassen, sich in dem Raum erst einmal umzusehen. Im geschlossenen Behandlungsraum kann der Hund abgeleint werden. Es sollte jedoch darauf geachtet werden, dass nichts herumliegt, was der Hund fressen könnte (z. B. Inhalt von Mülleimer). Während der Anamnese besteht bereits die Möglichkeit darauf zu achten, ob der Hund ein für ihn geeignetes Halsband bzw. Brustgeschirr trägt. Bei der körperlichen Untersuchung sollte u. a. auf haarlose, nässende oder wunde Stellen geachtet werden, die Hinweise auf ein ungeeignetes Halsband/Brustgeschirr geben können.

Man sollte darauf achten, dass alles, womit der Hund berührt wird, möglichst eine für ihn angenehme Temperatur hat. Gerade für Hunde, die nur wenig Fell haben, kann z. B. das Anfassen mit kalten Händen oder das Abhören mit einem kalten Stethoskop sehr unangenehm sein.

Einige Untersuchungen können auch stattfinden, während der Hund sich auf dem Boden befindet – er muss also nicht zwingend auf einen Behandlungstisch gehoben werden. Gerade bei Hunden, die sehr ängstliches Verhalten auf Behandlungstischen zeigen, kann diese Maßnahme im akuten Fall stressreduzierend sein. Dem Besitzer sollte angeboten werden, regelmäßig mit seinem Hund für einen kurzen Besuch vorbeizukommen. Damit der Hund die Angst hinsichtlich des Behandlungstisches verliert, kann er bei seinen Kurzbesuchen in der Praxis z. B. „Sitz“ und „Platz“ auf dem Tisch machen und dafür belohnt werden. Höhenverstellbare Tische eignen sich sehr gut für das Personal, da rückenschonend gearbeitet werden kann. Jedoch kann das Verstellen der Höhe für den Hund ebenfalls Probleme bereiten – das Geräusch des Hoch- bzw. Herunterfahrens des Tisches und/ oder auch die Bewegung des Tisches beim Verstellen der Höhe können den Hund ängstigen. Auch das sollte man beim Training beachten und entsprechende Trainingsschritte einleiten.

Untersuchung und Behandlung auf einer bestimmten Unterlage

Der Besitzer hat auch die Möglichkeit den Hund so zu trainieren, dass der Hund gewohnt ist auf einer bestimmten Unterlage untersucht zu werden. Somit kann der Hund besser einschätzen, was nun passieren wird, und das gibt ihm Sicherheit in ungewohnter Umgebung. Wichtig hierfür ist es, dass der Hund langsam an das Handling auf der Unterlage gewöhnt wird. Wird im Training zu schnell vorgegangen, kann der Hund die Unterlage evtl. mit negativen Erfahrungen verbinden, und diese wird zu einem regelrechten Stressauslöser für ihn.

Einsatz von Futter und Spielzeug

Wenn Futter zur Gegenkonditionierung verwendet wird, sollte zuvor geklärt werden, ob der Hund nur bestimmtes Futter erhalten darf. Ist es nicht möglich Futter zur Gegenkonditionierung einzusetzen – etwa, weil der Hund in Narkose gelegt werden soll –, kann alternativ Spielzeug verwendet werden. Beim Einsatz von Futter und Spielzeug sollte dennoch darauf geachtet werden, dass der Hund in keine zu hohe Erregungslage versetzt wird. (Weitere Informationen über den Einsatz von Leckerlis in der Tierarztpraxis (S. 41))

Verwendung von Kommandos

Das Handling des Hundes sollte so behutsam wie möglich durchgeführt werden; Zwangsmaßnahmen sollten nur wenn unbedingt nötig erfolgen. Ist eine Fixierung unumgänglich, dann sollte sie immer möglichst sicher und kurz durchgeführt werden. Beherrscht der Hund bereits einige Kommandos (S. 35), die das Handling erleichtern – wie z. B. sich in der rechten Seitenlage für die Ultraschalluntersuchung hinzulegen –, sollte man diese auch verwenden.

Praxistipp

Es lohnt sich dem Besitzer Tipps zu geben, welche Signale/Kommandos (S. 35) er dem Hund am besten beibringen sollte – wie etwa auf ein Signal hin das Maul zu öffnen. Das erleichtert nicht nur das Handling des Patienten in der Tierarztpraxis, sondern der Hund wird durch das Training auch noch geistig gefordert. Eine geistige und körperliche Auslastung des Hundes hat außerdem einen positiven Einfluss auf das Verhalten des Hundes. Durch solche Übungen kann auch die Hund-Halter-Beziehung gestärkt werden.

Anwesenheit von Personen

Es sollte zum Wohle des Hundes immer auch darauf geachtet werden, welche Personen sich im Raum befinden und wie der Hund auf diese reagiert. Verhält sich ein Hund eher unsicher gegenüber Menschen, sollten so wenige Personen wie möglich im Raum sein. Hundehalter kommen auch gerne mit der ganzen Familie. Sind Kinder dabei, konzentriert sich der Halter möglicherweise eher auf diese als auf den Hund. Der Tierarzt sollte je nach Situation entscheiden, wer noch weiterhin im Behandlungsraum bleiben darf und wer nicht.

Merke

Hunde sollten gut auf den Menschen und auf eine Vielzahl unterschiedlicher Menschen sozialisiert werden.

Auch das Verhältnis zwischen Hund und Halter ist zu beachten. Der Halter kann eine beruhigende Wirkung auf den Hund haben, es kann aber auch das Gegenteil der Fall sein. Ist es naheliegend, dass bei bestimmten Untersuchungen die Abwesenheit des Halters für den Hund weniger Stress bedeutet, sollte entsprechend gehandelt werden. So ist es etwa bei einer Blutabnahme von Vorteil den Besitzer zu fragen, ob er dabei sein möchte oder evtl. Probleme hat Blut zu sehen.

Insbesondere wenn ein Hund eine sehr enge Bindung zu seinem Besitzer hat, leidet das Tier möglicherweise unter Trennungsangst, sobald es allein gelassen wird. In diesem Fall sollte der Halter bei den Untersuchungen und Behandlungen dabei sein. Am besten befragt man den Besitzer im Vorfeld, wie sein Hund in einer solchen Situation in ungewohnter Umgebung reagiert. Mögliche Symptome bei Abwesenheit des Besitzers sind z. B. Bellen, Heulen, Winseln, Unruhe, Zittern, Unsauberkeit etc. Hunde mit Trennungsangst sind massivem Stress ausgesetzt, was das Leben des Hundes stark negativ beeinflusst. Bei Anzeichen von Trennungsangst sollte daher so schnell wie möglich eine Therapie begonnen werden. Der Hund sollte umgehend an einen verhaltenstherapeutisch tätigen Tierarzt überwiesen werden. Eine ausführliche Anamnese und Diagnostik sind wichtig, damit eine entsprechende Therapie eingeleitet werden kann. Einige Besitzer verwenden auch Bellstopp-Geräte. Bellstopp-Geräte sind abzulehnen, da das Bellen eine natürliche Kommunikationsform des Hundes darstellt und durch ein Bellstopp-Gerät nur das Symptom (in diesem Fall das Bellen) und nicht die Ursache des Bellens wie z. B. Angst oder Stress beseitigt wird. Aufgrund der starken Stresswirkung bei unsachgemäßer Anwendung sind Bellstopp-Geräte als tierschutzrelevant einzustufen. Prophylaktisch sollte jeder Hund langsam an das Alleinbleiben (S. 36) gewöhnt werden.

2.3.3 Vertrauensbildende Maßnahmen im Praxisalltag

Dorothea Döring

Ergebnisse einer Studie

Die Studie von Roscher [10] hatte nicht nur zum Ziel, die Prävalenz von Angstverhalten in der Tierarztpraxis bei Hunden festzustellen, sondern sollte auch der Entwicklung vertrauensbildender Maßnahmen dienen. Außerdem sollte überprüft werden, ob solche Maßnahmen tatsächlich eine Verminderung von Angstverhalten bewirken können.

In Vorversuchen wurden einfach anzuwendende vertrauensbildende Maßnahmen entwickelt und in der Sprechstunde an Patienten erprobt. Anschließend wurde die Wirksamkeit dieser Maßnahmen in einer systematischen Untersuchung getestet. Dazu wurden 60 Hunde, bei denen vorab Angstverhalten festgestellt worden war (Ergebnisse einer Studie (S. 28)), in eine Versuchs- und Kontrollgruppe aufgeteilt. An den Hunden der Versuchsgruppe wurden folgende Maßnahmen angewendet: Dem Hund wurden im Wartezimmer und nach Betreten des Behandlungsraumes Futterbelohnungen unterschiedlicher Attraktivitätsstufen (Trockenfutter, Vitaminpaste, Käsestücke) angeboten. Dabei wurde getestet, ob der Hund ein Leckerli annahm und welches er akzeptierte. Bei der ersten Kontaktaufnahme mit dem Hund nahm die Tierärztin eine tierfreundliche Körperhaltung ein (Hinhocken, abgewandter Blick etc.). Anschließend wurden dem Hund etwa drei Minuten Zeit gegeben, das Behandlungszimmer zu erkunden. Währenddessen wurde er von Besitzer und Tierarzt nicht direkt angesehen, gestreichelt oder angesprochen. Der Besitzer erhielt Anweisungen, wie er sich während der Untersuchung seines Hundes verhalten sollte, um diesen positiv zu beeinflussen. Er wurde u. a. darüber aufgeklärt, seinen Hund bei ängstlichem Verhalten nicht zu beruhigen oder zu bestrafen, Angstverhalten des Hundes zu ignorieren sowie angstfreies Verhalten zu belohnen. Während der gesamten Untersuchung („zweite Untersuchung“) und auch danach sprachen Tierarzt und Besitzer mit dem Hund, belohnten angstfreies Verhalten und ignorierten ängstliches Verhalten. Anschließend wurde der Hundebesitzer gebeten, noch einmal mit seinem Hund im Wartezimmer Platz zu nehmen. Daraufhin wurde er zu einer „dritten Untersuchung“ wieder ins Behandlungszimmer gebeten.

Fast alle Hunde der Versuchsgruppe (93,3 %) nahmen eine Futterbelohnung an. Über die Hälfte der Hunde akzeptierte dabei Trockenfutter. Der Großteil der Hunde nahm die Futterbelohnung vom Tierarzt und vom Besitzer sowie im Behandlungsraum und auf dem Behandlungstisch an. Nach Anwendung der vertrauensbildenden Maßnahmen zeigten viele Hunde der Versuchsgruppe während der „dritten Untersuchung“ weniger Angstverhalten, Meideverhalten oder Stresszeichen. Es bestanden u. a. signifikante Unterschiede hinsichtlich des Betretens des Behandlungsraumes und der Körperhaltung. Beispielsweise zog nach Anwendung vertrauensbildender Maßnahmen ein Drittel der Hunde in den Behandlungsraum (vorher tat dies kein einziger Hund), und weniger Hunde als vorher zeigten eine geduckte Körperhaltung und eine gesenkte Rute.

Es handelt sich um die erste Studie, die eine Reduktion des Angstverhaltens von Hunden in der Tierarztpraxis untersucht hat. Wir konnten damit nachweisen, dass bereits durch den Einsatz äußerst einfacher Maßnahmen das Verhalten der Hunde in der tierärztlichen Praxis entscheidend beeinflusst werden kann. Erstaunlich war dabei, dass die Maßnahmen sofort Erfolge zeigten. Tierärzte sollten sich diese Erkenntnisse zunutze machen und folgende einfache Maßnahmen in die tägliche Routine integrieren.

Leckerligabe zum richtigen Zeitpunkt

In vielen Tierarztpraxen ist es üblich, dem Hund ein Leckerli anzubieten, wenn die Behandlung beendet ist und der Hund den Behandlungstisch bereits verlassen hat. Dies wird analog zur Kinderarztpraxis durchgeführt; hier erhält das Kind üblicherweise nach überstandener Impfung ein kleines Geschenk, „weil es so tapfer war". Beim Kind macht diese Maßnahme Sinn, da man ihm erklären kann, dass es nach der Spritze eine kleine Belohnung bekommt. Bei Hunden funktioniert diese gut gemeinte Maßnahme jedoch nicht. Viele Hunde sind nach der Behandlung bereits zu gestresst, um ein Leckerli anzunehmen, und wollen nur noch die Praxis verlassen. Daher sind viele Halter davon überzeugt, dass ihr Hund vom Tierarzt keine Futterbelohnung annehmen würde. Aus lerntheoretischer Sicht ist das Timing der Leckerligabe jedoch essenziell, wenn man Angstverhalten reduzieren möchte. Entsprechend der klassischen Konditionierung müssen Futter und (angstauslösender) Reiz zeitlich gepaart werden, um eine Verknüpfung miteinander zu erreichen. Am besten werden Leckerlis bereits beim Betreten der Praxis, also am Empfang und im Wartezimmer, angeboten, dann beim Betreten des Behandlungsraumes und schließlich auf dem Behandlungstisch (▶ **Abb. 2.3**). Sinnvoll ist es, den Hund mehrfach auf dem Behandlungstisch zu füttern, ohne dass angstauslösende oder schmerzhafte Prozeduren vorgenommen werden.

Da sich viele Hunde beispielsweise aufgrund von Aufregung nicht für Trockenfutter als Leckerlis interessieren, sollten Leckerbissen unterschiedlicher Art und Attraktivität bereitgehalten werden. Man kann auch die Besitzer bitten, das Lieblingsleckerli ihres Tieres mitzubringen.

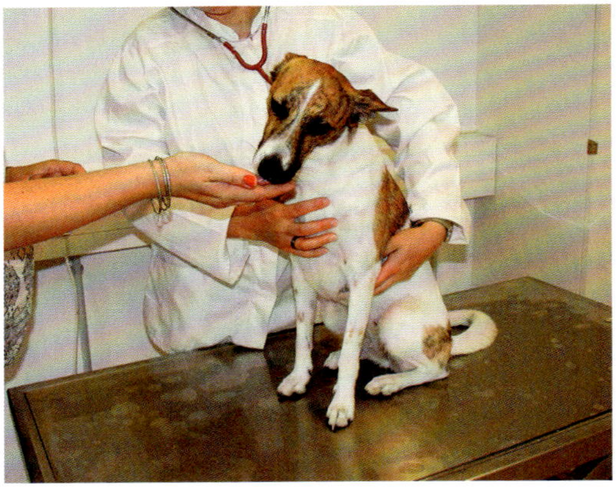

▶ **Abb. 2.3** Auf dem Behandlungstisch sollte der Hund besonders begehrte Leckerlis bekommen.

Praxistipp

Einsatz von Leckerlis

- Halten Sie bereits am Empfang verschiedene Sorten von Leckerlis bereit. Das Personal sollte jeden Patienten mit diesen Leckerlis begrüßen, wenn dies aus gesundheitlichen Gründen möglich ist.
- Vermerken Sie in der Patientenakte, welche Sorte Leckerli der Hund bevorzugt annimmt.
- Im Behandlungsraum sollten besonders begehrte Leckerlis bereitgehalten und dem Hund beim Eintritt in das Behandlungszimmer und auf dem Behandlungstisch gegeben werden.
- Bei ängstlichen Patienten bitten Sie die Besitzer, regelmäßig (z. B. 1 × pro Woche) in die Praxis zu kommen, damit der Hund dort Leckerlis erhalten kann, ohne dass eine Behandlung durchgeführt wird.
- Mit Besitzern von sehr ängstlichen und angstaggressiven Hunden vereinbaren Sie gesonderte Termine, etwa nach der Sprechstunde, wenn die Praxis leer ist. Dann können Sie in Ruhe ein Desensibilisierungs- und Gegenkonditionierungsprogramm (S. 20) durchführen.

▸ **Abb. 2.4** Der Hund erhält Gelegenheit, sich mit dem Behandlungsraum vertraut zu machen.

Hund und Besitzer im Behandlungszimmer beruhigen lassen

Wenn Hund und Besitzer das Behandlungszimmer betreten, sollte man den Hund nicht sofort auf den Behandlungstisch heben, sondern sich ein paar Minuten Zeit lassen, damit sich Hund und Besitzer entspannen können, und das Tier sich mit dem Raum vertraut machen kann (▸ **Abb. 2.4**). Der Hund wird von der Leine gelassen und für mindestens drei Minuten nicht weiter beachtet. In dieser Zeit setzen sich Tierarzt und Besitzer in Ruhe hin und besprechen die Anamnese. Da Hunde ihre Besitzer sehr genau beobachten und sehr sensibel auf deren Anspannung reagieren, sollte man darauf Wert legen, dass sich auch der Besitzer entspannt. Hilfreich sind hier beispielsweise das Angebot eines Glases Wasser und der Tipp – insbesondere für offensichtlich aufgeregte Halter – langsam und tief durchzuatmen. Der Besitzer kann außerdem instruiert werden, wie er sich bei der Behandlung verhalten soll: Sprechen mit ruhiger Stimme, Streicheln mit langsamen, lang ausgezogenen Streichelbewegungen, bewusst langsames, ruhiges Atmen. Der Hund soll auf keinen Fall streng gemaßregelt oder gar geschimpft werden, wenn er Angst- und Meideverhalten zeigt, z. B. strampelt, sich entwindet oder versucht, den Behandlungstisch zu verlassen.

Merke

„Trösten“ und „Beruhigen“ des Hundes?
Intuitiv neigen viele Besitzer dazu, ihre Hunde auf dieselbe Art trösten und beruhigen zu wollen, wie sie es auch bei ihren Kindern täten – mit sehr zugewandtem Verhalten, Streicheln, Drücken, Kuscheln und wortreichen Erklärungen. Was sie damit ihrem Hund vermitteln, ist ihre eigene Aufregung. Früher sagte man, mit dem Trösten würde das Angstverhalten belohnt; der Halter sollte stattdessen den Hund völlig ignorieren oder sich sogar von ihm abwenden. Da Angstverhalten jedoch eine Emotion ausdrückt, die durch Belohnung nicht verstärkt werden kann, muss man keine Sorgen diesbezüglich haben. Die Gefahr beim „Trösten“ ist vielmehr eine wechselseitige Übertragung einer aufgeregten Stimmung. Stattdessen sollte sich der Besitzer vor Augen halten, dass sich Hunde nicht gegenseitig trösten. Souveräne und gelassene Hunde verhalten sich ruhig und vermitteln anderen Gruppenmitgliedern dadurch Sicherheit. Daher sollten sich Besitzer betont gelassen verhalten, tief und ruhig atmen sowie auf ruhige Bewegungen und eine ruhige Stimme achten. Sie dürfen dem Hund Schutz und Zuflucht, gerne auch Körperkontakt gewähren und ihn mit ruhigen Bewegungen streicheln.

Praxistipp

Beruhigungszeit im Behandlungsraum

- Planen Sie für jeden Patienten mindestens drei zusätzliche Minuten ein, die dem „Ankommen“ und Vertrautwerden im Behandlungszimmer dienen.
- Wenn der Hund beim Betreten des Behandlungsraumes und bei der Begrüßung des Besitzers nicht von sich aus auf Sie zukommt und Sie begrüßt, ignorieren Sie ihn vorerst.
- Der Besitzer soll den Hund im Behandlungsraum von der Leine lassen und sich gemeinsam mit Ihnen hinsetzen. Während Sie die Anamnese erheben und den Besitzer instruieren, wie er sich während der Behandlung verhalten soll, wird der Hund sowohl von Ihnen als auch von seinem Besitzer in Ruhe gelassen.
- Bieten Sie dem Hundebesitzer gegebenenfalls ein Glas Wasser an.

Hundefreundliche Körpersprache

Hunde können es als bedrohlich empfinden, wenn Fremdpersonen zügig und direkt auf sie zugehen, sie direkt anschauen, sich über sie beugen und von oben herab zu ihnen hinuntergreifen (▶ Abb. 2.5a). Bei der Begrüßung, insbesondere bei der ersten Kontaktaufnahme mit dem Hund, sollte sich der Tierarzt daher erst einmal hinhocken, Oberkörper und Gesicht leicht abwenden, Anstarren vermeiden und den Hund zu sich locken (▶ Abb. 2.5b). Das Streicheln sollte nicht als Tätscheln oben auf den Kopf, sondern eher als Kraulen, wie etwa unter dem Hals, erfolgen.

Merke

Körpersprache

- **Machen Sie es sich zur Gewohnheit, Ihre Patienten grundsätzlich mit einer aus Hundesicht vertrauenserweckenden Körperhaltung zu begrüßen.**
- **Statt auf den Hund zur Begrüßung frontal zuzugehen und sich über ihn zu beugen, lassen Sie den Hund zu sich kommen.**
- **Wenden Sie den Oberkörper zur Seite und vermeiden Sie es, den Hund direkt anzuschauen, wenn er Zeichen von Unsicherheit zeigt. Gehen Sie gegebenenfalls in die Hocke.**
- **Unsichere Hunde sollten Sie nicht von oben tätscheln.**

2.3.4 Weitere Hilfsmittel in der Tierarztpraxis

Daphne Ketter

Es gibt einige Hilfsmittel, die zum Einsatz kommen können, um das Tier möglichst stressarm zu untersuchen, wie z. B. Maulkorb (S. 36), Pheromone oder Thundershirt.

Einsatz von Pheromonen

Adaptil® ist das synthetische Analogon des natürlichen Beruhigungspheromons DAP (Dog-appeasing Pheromone), welches u. a. von den Talgdrüsen zwischen den Milchdrüsen der säugenden Hündin abgesondert wird und eine beruhigende Wirkung auf die Welpen hat. DAP wirkt nicht nur beruhigend auf Welpen, sondern auch auf ältere Hunde. Der Einsatz von DAP-Produkten kann beispielsweise bei einer geringfügigen Angstproblematik unterstützend sinnvoll sein. Bei hochgradigen Verhaltensproblemen ist eine unterstützende therapeutische Wirkung selten zu beobachten.

Die „Adaptil®-Beruhigungspheromone" sind als Verdampfer für die Steckdose, als Halsband und Spray erhältlich.

- Der Adaptil®-Verdampfer kann in Praxisräumen genutzt werden. Er wird in die Steckdose gesteckt und das synthetische Analogon zum DAP verteilt sich im Raum. Ein Verdampfer deckt ca. 50–70m² der Praxisfläche ab und wirkt bis zu vier Wochen.

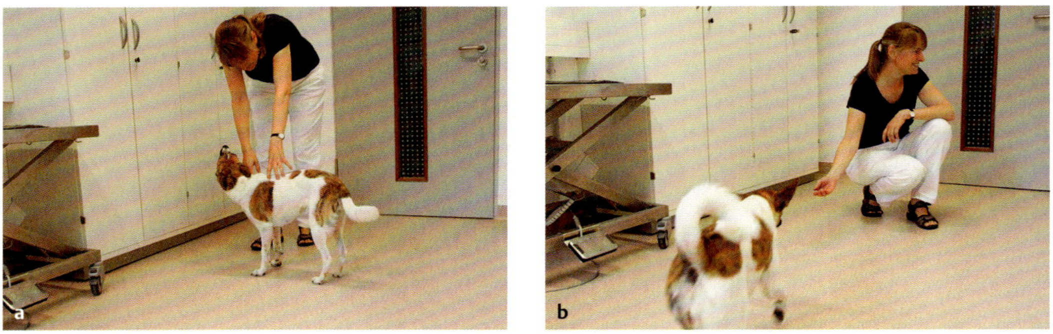

▶ **Abb. 2.5** Auf Ihre Körperhaltung kommt es an.

a Wenn Sie sich von oben über den Hund beugen, könnte er sich bedroht fühlen. Dieser Hund zeigt eine verunsicherte Körpersprache.

b Nehmen Sie eine vertrauenserweckende Körperhaltung ein, indem Sie sich klein machen, Blick und Oberkörper abwenden und den Hund zu sich locken. Dieses Mal zeigt der Hund eine viel sicherere Körperhaltung als in ▶ **Abb. 2.5a**.

- Das Adaptil®-Halsband sorgt durch die Körperwärme des Hundes für die Freisetzung der Pheromone in die unmittelbare Umgebung des Hundes. Die Pheromone befinden sich also ständig in seiner Nähe – egal, wo er sich aufhält. Es wirkt ebenfalls bis zu vier Wochen.
- Das Adaptil®-Spray kann direkt auf Liegedecken, Innenseiten von Hundeboxen etc. gesprüht werden. Die Anwendung des Sprays erfolgt 15 Minuten bevor der Hund in die entsprechende Umgebung kommt. Auf keinen Fall darf das Spray direkt auf den Hund gesprüht werden! Die Wirkungsdauer beträgt ca. 2–3 Stunden.

Thundershirt/Körperband

Ein Thundershirt kann bei Hunden in Situationen eingesetzt werden, in denen die Tiere Angst oder großen Stress empfinden. Durch seinen Schnitt übt das Shirt einen leichten Druck auf den Hundekörper aus. Der gewünschte Druck kann durch Einstellung der Klettverschlüsse reguliert werden. Da Hunde sehr unterschiedlich auf das Thundershirt reagieren, muss im Einzelfall entschieden werden, ob ein Thundershirt unterstützend eingesetzt werden sollte. Alternativ kann beispielsweise auch ein Körperband verwendet werden. Hierbei handelt es sich um ein elastisches Band, mit dem der Hund auf eine bestimmte Art und Weise bandagiert wird. Die Wirkungsweise ist die gleiche wie beim Thundershirt. Durch den leichten Druck auf den Körper kann es zu einer beruhigenden Wirkung kommen. Das Thundershirt wie auch das Körperband verdecken jedoch einige Körperstellen. Untersuchungen etwa im Kopfbereich sind jedoch ohne Probleme möglich.

Calming Cap®

Die Calming Cap® ist ein Hilfsmittel, das entwickelt wurde, um Hunde in Stresssituationen zu beruhigen. Sie reduziert die visuellen Reize, die einen Hund in Unruhe versetzen können. Bei der Calming Cap® handelt es sich um eine Stoffkappe, die Hunden über die Augen gezogen werden kann. Durch die gedämpfte Sichtweise sollen sich vor allem ängstliche Hunde sicherer fühlen und ruhiger werden.

Hunde reagieren ganz unterschiedlich auf die Stoffkappe. Es gibt Hunde die dadurch entspannter sind. Manche Hunde beruhigt es besonders, nachdem sie eine Sedation verabreicht bekommen haben. Es gibt jedoch auch Hunde, bei denen die Kappe genau das Gegenteil bewirkt. Wenn ein Hund sehr stark auf visuelle Reize reagiert, könnte eine Calming Cap® hilfreich sein. Jedoch sollte der Hund Schritt für Schritt an das Tragen einer solchen Kappe gewöhnt werden. Das Training muss langsam aufgebaut werden. Es ähnelt dem der Maulkorbgewöhnung (S. 116).

2.3.5 Tabletteneingabe

Eine sehr gute und für den Hund schonende Methode der Medikamentenverabreichung ist es, das Medikament mit Futter zu verabreichen. Jedoch ist dies nur möglich, wenn der Hund auch frisst. Gerade in Stresssituationen nehmen Hunde häufig kein Futter an. Um die Wahrscheinlichkeit zu erhöhen, dass der Hund das Futter annimmt, sollte versucht werden ein Futter zu wählen, welches dem Hund besonders gut schmeckt. Der Patientenbesitzer kann hierbei wichtige Informationen liefern.

Die zu verabreichende Tablette kann aber auch z. B. in einen Teil Easypill® (Ergänzungsfuttermittel, Snack zur Tabletteneingabe) gedrückt und die verbleibende Öffnung durch Verstreichen der Ränder wieder verschlossen werden. Den Hund sollte man nicht zusehen lassen, wenn die Tabletten in den Easypills® versteckt werden. Die Easypills® können im Futternapf oder aus der Hand verabreicht werden.

Man kann auch (z. B. mit einem Mörser) zerkleinerte Tabletten mit dem Futter vermischen. Jedoch muss darauf geachtet werden, ob die Tabletten für die Gabe überhaupt zerkleinert werden dürfen. Manche Tabletten sind mit einem Überzug umhüllt, welcher diese z. B. vor der Magensäure schützt und dazu führt, dass sie sich erst im Darm auflösen. Diese Tabletten dürfen auf keinen Fall zerkleinert werden. Dasselbe gilt für Kapseln. Werden Tabletten/Kapseln mitgegeben, die nur im Ganzen verabreicht werden dürfen, sollte der Besitzer am besten explizit darüber informiert werden. Werden Medikamente nicht richtig gegeben, können sie nicht ihre volle Wirksamkeit entfalten – und das Tier muss unnötig leiden.

Wenn möglich, sollte bei der Medikamenteneingabe auf Zwangsmaßnahmen verzichtet werden.

Besitzer sollten auch das Handling des Hundes für eine Tabletteneingabe zu Hause üben – z. B. mittels Futterbelohnung oder Clickertraining. Der Hund sollte entspannt sein und z. B. neben dem Besitzer „Sitz" machen. Der Besitzer kann dem Hund auch beibringen, auf ein Signal hin das Maul zu öffnen. Dadurch wird die Tabletteneingabe viel einfacher; die Tablette wird dann möglichst weit hinten auf die Zunge gelegt. Manche Hunde lassen sich jedoch ungern am Maul berühren; möglicherweise haben sie Schmerzen in diesem Bereich. Entsprechende Untersuchungen sollten durchgeführt werden, um eine somatische Ursache ausschließen zu können. Gerade bei solchen Hunden muss das Training in vielen kleinen Schritten aufgebaut werden.

2.3.6 Stationärer Aufenthalt

Im stationären Bereich sollte für Hunde ein eigener Bereich vorgesehen sein (Hundestation: nur für Hunde, keine anderen Tierarten). Tiere, die als potenzielle Beute für den Hund gelten, sollten nicht dem Stress ausgesetzt sein, den möglichen Feind in unmittelbarer Nähe zu haben. Ein reiner Sichtschutz reicht nicht aus, da auch die Vokalisation und der Geruch eine Rolle spielen. Das Gleiche gilt für den Hund selber: Hat er schlechte Erfahrungen, etwa mit Katzen, gemacht, kann ihn die Nähe von Katzen sowie auch von anderen Tierarten, die ihn verunsichern oder ängstigen, emotional negativ beeinflussen. Auch die Nähe eines Beutetieres kann ihn in eine unerwünscht hohe Erregungslage versetzen. Der Kontakt zu Artgenossen kann ebenfalls problematisch sein. Ein Hund, der an sich Schwierigkeiten mit Artgenossen hat, weil er nicht gut sozialisiert oder auch aus anderen Gründen mit Artgenossen unverträglich ist, sollte nicht mit anderen Hunden in einen Raum gelassen werden. Aber auch bei Hunden, die an sich mit Artgenossen gut verträglich sind, kann es mit Artgenossen zu Problemen kommen. Wird ein Hund von einem Artgenossen bedroht z. B. durch Anstarren (Drohfixieren), kann dies wiederum Stress für ihn bedeuten. Daher sollte situationsabhängig entschieden werden, wann Hunde gegebenenfalls keinen Sichtkontakt zueinander haben sollten.

Es kann auch sinnvoll sein das Licht etwas zu dimmen, da dies eine beruhigende Wirkung auf die Patienten haben kann. Adaptil® (S. 44) kann zusätzlich zur Beruhigung zum Einsatz kommen.

Hunde, die stationär gehalten werden, müssen auch innerhalb der Praxis/Klinik in verschiedene Räume geführt werden. Hierzu wird eine Leine mit einem Halsband oder Brustgeschirr benötigt. Aversiv wirkende Modelle (wie z. B. Endloswürger (S. 36)) sind abzulehnen. Durch den Einsatz solcher Hilfsmittel werden den Tieren Schmerzen und Leid zugefügt. Dies kann zu Angstproblemen und zu angstaggressivem Verhalten führen.

Werden Hunde an der Leine geführt, sollte man ihnen auch die Chance geben „ausweichen" zu können – etwa dann, wenn ein Artgenosse oder ein Mensch entgegenkommt. Der Hund sollte sich z. B. zwischen dem Hundeführer und der Wand positionieren können. Durch eine sehr kurz gehaltene Leine wird dem Hund die Möglichkeit genommen, eine gewisse Distanz zu einem angstauslösenden Reiz einzuhalten.

Praxistipp

Ist für den Hund ein gut passendes Brustgeschirr bzw. Halsband (S. 36) vorhanden, empfiehlt es sich dieses gegebenenfalls auch während eines stationären Aufenthaltes zu verwenden, da der Hund hiermit am besten zu führen ist.

Trennungsangst

Leidet ein Hund unter Trennungsangst, kann das bei einem stationären Aufenthalt ein Problem darstellen. Daher sollte bei einem solchen Hund genau überlegt werden, ob er wirklich ohne den Besitzer bzw. die Bezugsperson in der Praxis bleiben muss.

Mögliche Symptome in Abwesenheit des Besitzers sind folgende:

- Bellen, Heulen, Winseln
- unkontrollierter Urin- und/oder Kotabsatz
- Unruhe
- Zittern
- Zurückgezogenheit
- übermäßiges Lecken

- Inappetenz
- Hyperventilation
- starkes Speicheln
- Erbrechen
- Durchfall
- Verletzungen aufgrund des Versuches zu entkommen
- Kratzen an Türen und Fenstern, Zerstören von Gegenständen

Leidet der Hund unter Trennungsangst und muss ohne die Bezugsperson in der Praxis bleiben, kann der Einsatz von Psychopharmaka nötig sein, um die Angst des Tieres zu mindern. Clomicalm® (Wirkstoff: Clomipramin) ist in Deutschland zur Unterstützung bei der Behandlung von trennungsbedingten Verhaltensauffälligkeiten bei Hunden, die sich durch destruktives Verhalten und unangemessenen Kot- und Harnabsatz zeigen, und nur in Kombination mit einer Verhaltenstherapie zugelassen. Es ist zu beachten, dass die Anflutungszeit von Clomipramin etwa 4–6 Wochen beträgt. Hierauf sollte der Besitzer unbedingt hingewiesen werden, da vor Ablauf dieser Zeit auch keine Wirkung auf das Verhalten zu erwarten ist. In den ersten zwei Wochen kann es durch die Gabe von Clomipramin zu Appetitreduktion und Lethargie kommen; dies geht jedoch meist vorüber. Auch dies sollte beachtet werden.

Anfänglich kann die Kombination z.B. mit Alprazolam oder Clonazepam erfolgen. Beide Substanzen gehören zu den Benzodiazepinen. Wegen der Gefahr einer Enthemmung sind sie bei Aggression kontraindiziert. Die Wirkung von Benzodiazepinen ist individuell sehr unterschiedlich; daher muss die Dosis entsprechend angepasst werden. In höheren Dosen wirken Benzodiazepine sedierend. In der Verhaltenstherapie ist dies unerwünscht. Werden Benzodiazepine länger als eine Woche am Stück gegeben, müssen diese langsam ausgeschlichen werden. Hierdurch werden Entzugserscheinungen vermieden. Alprazolam und Clonazepam zeigen ihre volle Wirkung nach etwa 30–45 Minuten. In Deutschland sind keine speziell für Tiere zugelassenen Benzodiazepine auf dem Markt.

Dosierungen für den Hund

In ▶ Tab. 2.1 sind die Dosierungen von Benzodiazepinen zur Minderung der Trennungsangst aufgeführt.

Unterstützend können außerdem evtl. Pheromone (S. 44) und auch ein Thundershirt (S. 45) eingesetzt werden.

Bei einem Hund mit Trennungsangst sollte so schnell wie möglich eine Verhaltenstherapie begonnen werden. Prophylaktisch sollte jeder Hund langsam an das Alleinbleiben gewöhnt werden.

Narkose

Der Hund sollte an einen ruhigen Ort gebracht werden, bis die Narkose eingeleitet wurde. Für Hunde kann es eine stressreduzierende Wirkung haben, wenn eine Decke, ein T-Shirt oder ein Spielzeug zur Verfügung steht, welches den vertrauten Geruch von Zuhause bzw. der Bezugsperson hat. Unterstützend können auch Pheromone (S. 44) eingesetzt werden.

Man sollte auf eine für den Hund angenehme Raumtemperatur achten. Werden Wärmelampen verwendet, müssen diese so ausgerichtet sein, dass beim Hund keine Zugluft entsteht und dass es nicht zu heiß wird.

Bei Trennungsangst kann es sinnvoll sein, dass die Bezugsperson noch so lange beim Hund bleibt, bis die Narkose wirkt. Ebenso sollte der Besitzer zum Hund gelassen werden, sobald dieser wieder wach ist.

▶ **Tab. 2.1** Trennungsangst beim Hund – Einsatz von Benzodiazepinen.

Wirkstoff	Dosierung
Clomipramin	1–2 mg/kg, 2 × täglich
Alprazolam	0,02–0,1 mg/kg, bis zu 3 × täglich
Clonazepam	0,1–1 mg/kg, 2- bis 3 × täglich

2.4

Nach dem Tierarztbesuch

Daphne Ketter

Ein länger andauernder Aufenthalt in einer Tierarztpraxis/Tierklinik kann Auslöser für die Entstehung von Trennungsangst sein. Daher sollte der Besitzer genau beobachten, ob sein Hund weiterhin mit dem Alleinbleiben gut zurechtkommt. Bei ersten Anzeichen von Trennungsangst sollte so schnell wie möglich mit einer Verhaltenstherapie begonnen werden. Unterstützend können evtl. Pheromone (S.44) und auch ein Thundershirt (S.45) eingesetzt werden.

An sich sollte von Beginn an auf eine adäquate Schmerztherapie geachtet werden. Geht es dem Hund auf der Fahrt nach Hause noch nicht so gut – etwa, weil er Schmerzen hat –, kann es passieren, dass er den unangenehmen Schmerz zukünftig mit der Autofahrt verbindet. Gegebenenfalls muss eine Desensibilisierung und Gegenkonditionierung (S.20) in Bezug auf Autofahrten (S.114) durchgeführt werden. Die Rückfahrt nach Hause sollte, wenn möglich, nicht in der Hauptverkehrszeit erfolgen und für den Hund so angenehm wie möglich gestaltet werden (z.B. Liegen auf einer weichen Unterlage, Einsatz von Pheromonen). Dem Hund kann auch ein Beschäftigungsobjekt im Auto angeboten werden, wie z.B. ein Kong®, der mit Futter befüllt ist. Decken oder Kissen, die der Hund kennt und die nach dem Zuhause bzw. der Bezugsperson riechen, können ebenfalls eine positive Wirkung haben.

Kommt der Hund nach Hause, sollte er seine Umgebung erst einmal in Ruhe erkunden können. Sein Liegeplatz sollte so gewählt sein, dass er gut entspannen kann. Sollte er aufgrund eines Eingriffs in seinen Bewegungen eingeschränkt sein, muss dies auch bei der Erreichbarkeit seines Liegeplatzes sowie seines Wasser- und Futternapfes bedacht werden. Kann der Hund keine Treppen gehen, muss er entweder getragen werden oder es muss eine andere Lösung gefunden werden. Der Hund sollte auch die Möglichkeit haben, für Kot- und Urinabsatz nach draußen zu kommen. Auch hierfür muss eine Lösung gefunden werden, wenn der Hund keine Treppen gehen darf, aber die Wohnung nur durch Treppensteigen erreichbar ist.

Zusammenfassung

- Für den Tierarzt ist es überaus wichtig das Ausdrucksverhalten des Hundes zu verstehen, um sich sowohl um das emotionale wie auch körperliche Wohlergehen des Hundes kümmern zu können. Aber auch im Rahmen der Bissprävention ist es relevant, dass der Tierarzt sowie diejenigen, die mit Hunden Umgang haben, das Verhalten eines Hundes richtig deuten können.
- Bei längerem Bestehen von Schmerzen kann es zu einem sogenannten Schmerzgedächtnis kommen. Schmerzen sollten zum Wohle des Tieres so bald wie möglich behandelt werden.
- Durch sinnvolles Medical Training sollten Hunde positiv auf Untersuchungen und Behandlungen vorbereitet werden. Dabei kann das Trainieren von Kommandos, wie z. B. „Maul öffnen“, sehr hilfreich sein.
- Hunde sind obligat sozial lebende Rudeltiere. An das Alleinbleiben sollte ein Hund stets langsam gewöhnt werden. Ist ein Hund das Alleinbleiben nicht gewöhnt, kann der Aufenthalt in einer fremden Umgebung (z. B. in der Tierarztpraxis) ohne die Bezugsperson ein großes Problem darstellen.
- Prophylaktisch sollte jeder Hund langsam an das Tragen eines Maulkorbs gewöhnt werden.
- Hunde sollten gut auf den Menschen und auch auf eine Vielzahl unterschiedlicher Menschen sozialisiert werden.

Literatur

[1] Beaver BV. Canine Behavior: A Guide for Veterinarians. Philadelphia: W.B. Saunders Company, 1999

[2] Deutsche Bahn. Hinweise für die Mitnahme von Hunden; 2017. Im Internet: http://www.bahn.com/i/view/CHE/de/services/overview/reisenmithund.shtml; letzter Zugriff: 14.01.2018

[3] Döring D, Roscher A, Scheipl F et al. Fear-related behaviour of dogs in veterinary practice. Veterinary Journal 2009; 182: 38–43

[4] Feddersen-Petersen DU. Ausdrucksverhalten beim Hund: Mimik und Körpersprache, Kommunikation und Verständigung. Stuttgart: Franckh-Kosmos Verlag, 2008

[5] Henke J, Erhard W. Schmerzmanagement. Stuttgart: Enke Verlag, 2001

[6] ITIS – Initiative tiermedizinische Schmerztherapie. Merkblatt „Hat mein Hund Schmerzen?“ Hannover: Schlütersche Verlagsgesellschaft, 2013. Im Internet:

https://www.schmerz-bei-tieren.de/sites/default/files/2017–01/merkblatt2-hund.pdf; letzter Zugriff: 14.01.2018

[7] Ketter D, Erhard M, Schönreiter S, Firnkes A. Kriterien für gute Hundezüchter (Vortragsband). 28. Bayerische Tierärztetage, 25.–28. Mai 2017. Nürnberg: Bayerische Landestierärztekammer, 2017

[8] Niedersächsisches Ministerium für den ländlichen Raum, Hrsg. Wesenstest für Hunde. Az. 204.1-4 2507/04-238. 3. Aufl. Hannover: 2003. Im Internet: www.ml.niedersachsen.de/download/2815

[9] Pongrácz P, Molnár C, Miklósi A et al. Human listeners are able to classify dog (Canis familiaris) barks recorded in different situations. J Comp Psychol 2005; 119 (2): 136–144

[10] Roscher A. Vorkommen von Angstverhalten bei Hunden in der tierärztlichen Praxis und Darstellung der Möglichkeiten einer angst- und stressarmen Behandlung. Dissertation, LMU München, 2005. Im Internet: http://edoc.ub.uni-muenchen.de/3 331/1/Roscher_Anita.pdf

[11] Schenkel R. Ausdrucks-Studien an Wölfen. Behaviour 1974: 1; 81-129

[12] Stanford TL. Behavior of dogs entering a veterinary clinic. Applied Animal Ethology 1981; 7: 271–279

[13] Tierschutz-Hundeverordnung vom 2. Mai 2001 (BGBl. I S. 838); geändert durch Artikel 3 der Verordnung vom 12. Dezember 2013 (BGBl. I S. 4 145)

3 Katzen

Barbara Schneider

3.1 Allgemeines

Katzen sind Patienten, die überaus schwierig im Umgang sein können. Dies liegt zum einen an ihrer wehrhaften Natur, aber auch an ihrer Stressempfindlichkeit. Die Belastung durch einen Tierarztbesuch sollte nicht unterschätzt werden. Katzen können auch noch einige Tage danach ein zum Negativen verändertes Verhalten zeigen [15]. Diese Stressbelastung für ihre Katze und auch sie selbst ist einer der Gründe, warum Katzenbesitzer laut einer in den USA durchgeführten Studie deutlich seltener mit ihrem Tier zum Tierarzt gehen als beispielsweise Hundehalter [15].

Gerade in einer Tierarztpraxis oder Tierklinik werden Katzen mit einer Vielzahl von **Stressoren** konfrontiert [5]:

- andere Tiere und Menschen
- Geräusche/Lärm (z. B. medizinische Instrumente, Telefone, Bellen, menschliche Konversationen)
- Gerüche und Düfte (z. B. andere Tiere, Desinfektionsmittel)
- Käfighaltung, in der kein Verstecken möglich ist
- unbekannte Pfleger
- unbekanntes Futter und ungewohnte Fütterungsroutine
- Reizüberflutung durch das geschäftige Klinikumfeld

Trotz der großen Stressanfälligkeit wird das Verhalten von Katzen in der Tierarztpraxis häufig fehlinterpretiert. Gerade eher subtile Anzeichen für Stress oder Angst (▸ **Abb. 3.1**) werden oftmals übersehen.

Aus diesen Gründen ist es für das Personal einer tierärztlichen Praxis besonders wichtig, das Normalverhalten von Katzen zu kennen sowie auch deren Körpersprache deuten zu können. Nur mit einem ausreichenden Grundwissen um Normalverhalten und Bedürfnisse ist eine wirklich tierfreundliche Behandlung möglich.

▸ **Abb. 3.1** Mit dieser Katze soll ein Medical Training durchgeführt werden. Sie fühlt sich sichtlich unwohl (beachte die seitlich gestellten Ohren und das Ignorieren der Futterbelohnung).

3.1.1 Normalverhalten und Implikationen für die Tierarztpraxis

Im Folgenden werden die für die tierärztliche Praxis relevantesten Verhaltensweisen näher besprochen, sowie die daraus folgenden Empfehlungen für den Umgang mit Katzen.

Sozialverhalten

Das Sozialverhalten von Katzen ist komplizierter als früher angenommen wurde. Sie können sowohl Einzelgänger als auch soziale Tiere sein und sind als „fakultativ sozial" anzusehen. Ob eine Katze eher ein Einzelgänger oder ein soziales Tier ist, hängt hauptsächlich davon ab, wie die Katze aufgewachsen ist [14]. Vor allem solche Katzen, die in sozialen Gruppen groß geworden sind, verhalten sich im späteren Leben eher sozial. Doch auch eigentlich soziale Katzen können wieder zu Einzelgängern werden: Leben Katzen über einen längeren Zeitraum ohne Kontakt zu anderen Artgenossen, kann die Fähigkeit zum friedlichen sozialen Zusammenleben verkümmern.

Die frühen Erfahrungen bestimmen auch zu einem großen Teil, wie gerne eine Katze mit Menschen zusammen ist. Katzen müssen in der sensiblen Phase der Sozialisierung auf Menschen sozialisiert werden, um diese im späteren Leben als Sozialpartner zu akzeptieren. Diese Sozialisierungsphase beginnt etwa im Alter von vier Wochen und reicht bis in den vierten Lebensmonat hinein. Wenn eine Katze in dieser Zeit zahlreiche positive Kontakte mit einer Vielzahl unterschiedlicher Menschen hat, dann wird sie später deutlich umgänglicher sein.

Hat sie jedoch keine oder aber überwiegend schlechte Erfahrungen mit Menschen in diesem Zeitraum gemacht, dann bleibt die Katze ihnen gegenüber in der Regel scheu und vorsichtig. Solche Katzen zeigen mitunter ausgeprägte Angstaggression gegenüber Tierärzten oder anderen, unbekannten Menschen. Bei diesen Katzen ist es unwahrscheinlich, dass sie sich durch Berührungen oder Streicheln in der Tierarztpraxis beruhigen lassen. Deutlich sinnvoller ist es, ihnen so viel Ruhe wie möglich zukommen zu lassen. Dem Versteckbedürfnis dieser Katzen sollte in besonderem Maße Rechnung getragen werden. Dies kann beispielweise durch einen abgedeckten Katzenkorb, ein mit einem Handtuch verhangenen stationären Käfig etc. geschehen. Das Anbieten spezieller Leckerlis kann im Einzelfall die Kooperation dieser Tiere erhöhen.

Praxistipp

Jegliches Handling von Katzen, die extreme Angstaggression zeigen, sollte immer möglichst schnell (aber nicht hektisch), kurz und effektiv erfolgen.

Häufig empfiehlt es sich, den sogenannten „Towel Wrap (S.63)“ (▸ **Abb. 3.14**), zu verwenden. Dieser vermittelt zum einen der Katze eine gewisse Sicherheit, zum anderen hilft er dem Praxisteam, verletzungsfrei zu bleiben.

Verhalten gegenüber anderen Tierarten

Katzen empfinden den Kontakt mit Hunden in der Regel als belastend. Da Hunde auch ganz unterschiedlich auf Katzen reagieren können, ist es das Beste, beide in der Tierarztpraxis voneinander zu trennen. Idealerweise gibt es gut getrennte Wartebereiche für Hunde und Katzen.

Als Raubtiere mit einem äußerst hohen Jagdtrieb müssen Katzen auch von Vögeln und kleinen Heimtieren getrennt gehalten werden. Dies reduziert sowohl den Stress der Beutetiere, als auch die Erregung des Katzenpatienten.

Beobachtungs- und Versteckbedürfnis

Katzen haben das Bedürfnis, ihre Umgebung von einem sicheren Ort aus zu beobachten. Das bedeutet, dass sie sich nur dann wohl fühlen, wenn ihnen entsprechende Rückzugsorte zur Verfügung stehen. Daher muss auch in den Boxen im stationären Bereich ein entsprechender Rückzugsort vorhanden sein. Das kann beispielweise der gewohnte Transportkorb sein, der als Höhle dient (▸ **Abb. 3.2**) – unter der Voraussetzung, dass der Käfig insgesamt entsprechend groß ist.

▸ **Abb. 3.2** Bei einem stationären Aufenthalt muss Katzen, unabhängig von der Dauer der Unterbringung, eine Rückzugsmöglichkeit zur Verfügung gestellt werden. Am einfachsten geschieht dies mit dem vertrauten Katzenkorb. (Quelle: Dr. Ilona Backofen, Dietenheim.)

Zusätzlich kann noch ein Handtuch zur teilweisen Abdeckung des Käfigs verwendet werden, um den Katzen ein größeres Sicherheitsgefühl zu geben.

Da sich Katzen im Allgemeinen sicherer fühlen, wenn sie einen erhöhten Beobachtungsposten innehaben, muss außerdem dafür gesorgt werden, dass sie in höher gelegenen Boxen untergebracht werden und nicht direkt auf Fußbodenhöhe. Auch im Wartezimmer muss dies beachtet werden. Katzenkörbe sollten immer erhöht abgestellt werden, beispielsweise auf dem Schoß des Besitzers. Katzenhalter sind gezielt darauf hinzuweisen.

Pheromone und Gerüche

Katzen verfügen über einen ausgeprägten Geruchssinn; u. a. orientieren sie sich mithilfe von Gerüchen und kommunizieren auch olfaktorisch. Dies kann man sich in der Tierarztpraxis zunutze machen. Von verschiedenen Pheromonen, die der innerartlichen Kommunikation von Katzen dienen, gibt es synthetisch hergestellte Varianten zu kaufen. Die Produkte Feliway® und Felifriend® sind dabei für den Tierarzt besonders relevant.

Bei dem Produkt Feliway® handelt es sich laut Hersteller um eine chemische Kopie der F3-Fraktion feliner Gesichtspheromone. Diese Pheromone werden natürlicherweise über spezielle Drüsen im Bereich der Backen und Augen von einer Katze abgegeben. Katzen markieren mit ihnen Bereiche in ihrer Umgebung (▶ Abb. 3.3). Dieses geruchliche Markieren hilft den Katzen ihr Territorium zu definieren. Wenn ihre Umgebung nach ihren eigenen Pheromonen riecht, fühlen sich Katzen in der Regel deutlich sicherer.

Das Produkt Felifriend® repräsentiert die F4-Fraktion der Gesichtspheromone von Katzen. Es fördert vertrauten, freundlichen Geruch und kann in der Tierarztpraxis dazu eingesetzt werden, den Tierarzt freundlich riechen zu lassen. Es sollte auf die Hände des Untersuchers gesprüht werden. Bevor man eine Katze anfasst, muss man allerdings warten, bis sich der chemische Geruch des Sprays verflüchtigt hat. Laut dem Hersteller Ceva wurde dieses Produkt bis auf weiteres eingestellt. Restbestände können aber selbstverständlich noch verwendet werden.

Auch wenn es in Bezug auf Feliway® und Felifriend® Studien gibt, die eine (meist eingeschränkte) Wirksamkeit belegen (u. a. [9], [12]), kommen wieder andere Autoren zu dem Schluss, dass eine einmalige Anwendung des Sprays keinen signifikanten Einfluss auf das Verhalten bei tierärztlichen Prozeduren hat (u. a. [2]). Die Studie von Frank et al. [6] zeigt zudem sogar, dass im Allgemeinen bei Pheromon-Studien keine ausreichenden Belege für die Wirksamkeit der Produkte gefunden werden. Aufgrund der sich in den meisten Untersuchungen aber zumindest abzeichnenden Tendenz, dass die Pheromon-Sprays hilfreich sind, kann es in der Tierarztpraxis durchaus sinnvoll sein, die genannten Produkte zu verwenden.

▶ **Abb. 3.3** Diese Katze markiert einen Gegenstand in der ihr bekannten Wohnung mit Gesichtspheromonen der F3-Fraktion.

Da das Geräusch des Sprühens viele Katzen erschreckt, sollten die Produkte immer in Abwesenheit der Tiere verwendet werden. Eine Ausnahme bildet hier der Feliway®-Zerstäuber für die Steckdose. Dieser kann problemlos kontinuierlich im Behandlungsraum verwendet werden.

Sehvermögen

Das Sehvermögen von Katzen ist darauf ausgerichtet, vor allem Bewegungen schnell und gut zu erfassen. Diese Fähigkeit hilft ihnen beim Jagen ihrer Beute, denn Katzen sind überwiegend Sichtjäger. Schnelle Bewegungen, besonders wenn sie für die Katze unerwartet sind, erhöhen daher aber auch die Reaktivität einer Katze [13]. Aus diesen Gründen ist es wichtig, dass sich das Praxisteam ruhig und langsam bewegt, wenn es Katzen behandelt.

▶ **Abb. 3.4** Der getigerte Kater zeigt deutliche Angstsymptome mit seitlich gestellten Ohren, einem zu einem Buckel gekrümmten Rücken und einem Abwenden von der drohenden Kätzin im Vordergrund.

Da Katzen hervorragend an das Sehen in der Dämmerung angepasst sind, bevorzugen sie gedimmtes Licht. Die Beleuchtung im Behandlungszimmer sollte daher unbedingt dimmbar sein.

Praxistipp

Eine niedrige Lichtintensität hilft erregte Katzen zu beruhigen.

3.1.2 Körpersprache

Katzen können mithilfe ihrer Körpersprache durchaus deutlich kommunizieren. Besonders Angst und Stress lassen sich durch eine genaue Beobachtung oft schon sehr früh erkennen.

Grundsätzlich muss eine Katze immer in ihrer Gesamtheit beobachtet werden, wenn aus körpersprachlichen Signalen auf ihr Befinden geschlossen werden soll. Gerade bei der Bewertung von Angst- und Aggressionsverhalten muss zudem beachtet werden, dass die Übergänge fließend sein können. Katzen können darüber hinaus widersprüchliche Signale senden, indem beispielsweise der Vorderköper, der näher an der Gefahr ist, ein „Zurückweichen“ andeutet, während der Hinterkörper eine Angriffswarnung darstellt [10].

Gesicht

Sind die Ohrmuscheln nach vorne gedreht, so drückt das freundliches Interesse, Aufmerksamkeit oder aber auch Anspannung aus – abhängig davon, wie weit die Stirnmuskeln in der Mitte zusammengezogen sind [10]. Sind die Ohrmuscheln dagegen seitlich gedreht, so ist das ein Zeichen für Angst, Stress, Abwehr- und Fluchtbereitschaft (▶ **Abb. 3.4**).

▶ **Abb. 3.5** Diese Katze zeigt eine deutliche Angriffsdrohung. Beachte die nach hinten gestellte, aber aufrechte Stellung der Ohren.

Werden aber die Ohren aufgestellt nach hinten gedreht (▶ **Abb. 3.5**), handelt es sich um eine deutliche Angriffs- bzw. Beißdrohung [10].

Ein Zeichen für Stress kann das Zucken der Ohren sein oder auch eine angespannte Gesichtsmuskulatur (▶ **Abb. 3.6**). Im Einzelfall erscheint bei Letzterer die Mimik so, als würde die Katze die Augenbrauen zusammenziehen. Bei Stress oder Er-

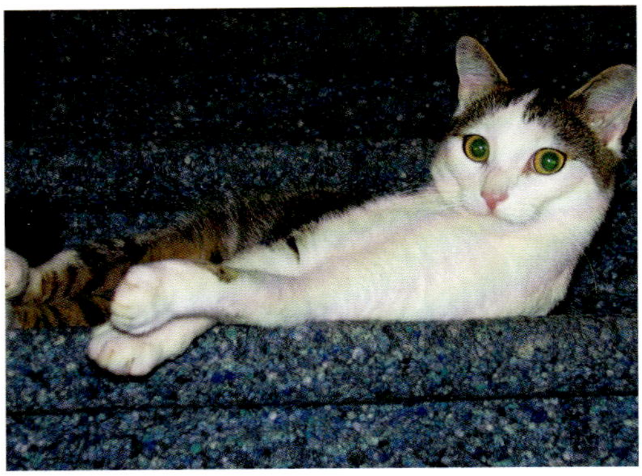

▸ **Abb. 3.6** Milde Stresssymptomatik. Beachte die Mydriasis sowie die angespannte Gesichtsmuskulatur.

regung kommt es zudem häufig zu Mydriasis (▸ Abb. 3.6).

Ein Blinzeln oder ein geradezu betontes Schließen und Öffnen der Augen wird als Beschwichtigungsgeste angesehen oder aber als freundlicher Gruß [10]. Im Einzelfall hat es auch beruhigende Wirkung auf eine Katze, wenn der Tierarzt oder der Assistent dem Katzenpatienten betont langsam zuzwinkert.

Die Stellung der Schnurrhaare ist ebenfalls aussagekräftig. In Ruhestellung stehen sie seitlich ab und sind wenig gespreizt [10]. Bei nach vorne gerichteter Aufmerksamkeit und Anspannung sind die Schnurrhaare deutlich nach vorne gerichtet und breit aufgefächert. Sind die Schnurrhaare allerdings schmal nach hinten zusammengelegt, so spricht dies für Scheu und Ängstlichkeit [10]. Dies ist nicht zu verwechseln mit dem leichten Zurücklegen der Schnurrhaare beim Beschnuppern von Geruchsspuren.

Rücken

Grundsätzlich lässt sich sagen, dass die Rückenlinie umso gerader ist, je selbstsicherer eine Katze ist. Bei einer angstfreien Angriffsdrohung ist sie sogar nach hinten etwas erhöht (▸ Abb. 3.7). Der typische „Katzenbuckel“ ist bei ängstlichen Tieren zu sehen. Dies ist vor allem dann der Fall, wenn eine Angriffsdrohung dazukommt (▸ Abb. 3.7).

Bei geringer Abwehrbereitschaft herrscht in der Regel eine geduckte Körperhaltung vor. Wenn sich eine ängstliche Katze auf den Rücken oder die Seite rollt (▸ Abb. 3.8), dann kann das ein Zeichen für defensive Aggression sein. In dieser Position kann die Katze alle wichtigen Waffen (Krallen und Zähne) optimal zur Abwehr einsetzen.

Merke

Defensive Aggression kann sich auch durch Seiten- oder Halbseitenlage zeigen.

Schwanz

Der Schwanz von Katzen ist ebenfalls sehr aussagekräftig. Bei einer freundlichen Annäherung ist er steil in die Höhe gereckt. Eventuell ist das Ende auch abgeknickt und der Schwanz sieht aus wie ein Spazierstock. Ein derart in die Höhe gereckter Schwanz erlaubt eine freundschaftliche Anogenitalkontrolle.

Bei Angst wird der Schwanz dagegen meist eher eng am Körper gehalten und evtl. sogar zwischen den Beinen eingeklemmt (▸ Abb. 3.7). Bei einer Angriffsdrohung hingegen hängt er hinten herunter. Mischt sich jedoch Angst in die Angriffsabsichten, so kann der Schwanz auch hochgebogen oder gar senkrecht hochgestreckt werden.

Bei starker Erregung und Angst ist der Schwanz dick aufgeplüscht, ähnlich einer Flaschenbürste.

Schlägt die Katze heftig mit ihrem Schwanz, so ist das ein Zeichen für starke Erregung. In der Tierarztpraxis muss es als Stresssymptomatik gewertet werden. Auch ein „Wedeln“ ist ein Zeichen für Erregung. Diese kann positiv oder negativ sein.

Weitere körpersprachliche Stresssymptome

Eine Piloerektion am Körper ist vor allem bei Droh- und Abwehrverhalten zu sehen. Besonders bei Angst ist sie meist deutlich ausgeprägt.

Das angespannte Starren auf ein bestimmtes Objekt kann ein Anzeichen für Stress sein. Auch wenn eine Katze Fluchttendenzen zeigt, ist dies als Stress- und/oder Angstsymptom zu werten. Fluchtversuche können dabei durch hektische Bewegungen deutlich sein oder aber nur darin bestehen, dass sich die Katze dazu bereit macht, vom Behandlungstisch zu springen (▸ Abb. 3.9).

Auch bei Katzen kann es zu einem unkontrollierten Harn- und Kotabsatz in Stresssituationen

▸ **Abb. 3.7** Körpersprachliche Kommunikation der Katze nach Leyhausen [10]. Die Angriffsdrohung steigt von links nach rechts, während von oben nach unten die Angst zunimmt. Oben links ist eine entspannte Katze zu sehen. Die Katze ganz links außen zeigt eine freundliche Begrüßung mit erhobenem Schwanz.

▸ **Abb. 3.8** Defensive Aggression in Seitenlage. (Zeichnung: Dr. Dorothea Döring, München. Quelle: Schneider B, Ketter D. Verhaltensmedizin bei Hund und Katze. Stuttgart: Schattauer, 2016, S. 321.)

▸ **Abb. 3.9** Stresssymptom: Katze macht sich bereit vom Behandlungstisch zu springen. (Quelle: Dr. Ilona Backofen, Dietenheim.)

kommen [14]. Manche Katzen zeigen als Stressreaktion das sogenannte „Freezing", bei dem Katzen unbeweglich und still sind [5]. Aber auch Übersprungshandlungen wie (exzessives) Putzen können ein Zeichen für Stress bei Katzen sein [5].

3.1.3 Vokalisation

Der Vokalisation kommt eine nicht zu unterschätzende Bedeutung in der Kommunikation von Katzen zu. Für das Praxisteam ist es daher sinnvoll, sich mit der Lautgebung von Katzen auszukennen.

Grundsätzlich lässt sich sagen, dass die „Gesprächigkeit" individuell sehr unterschiedlich ausgeprägt sein kann. Manche Katzen vokalisieren sehr viel, andere wiederum sehr wenig. Vor allem bei den sogenannten orientalischen Rassen (z. B. Siam, Burma etc.) sind „gesprächige" Individuen häufiger zu finden.

Im Folgenden werden einige wichtige Laute vorgestellt.

Miauen

Dies ist mit Sicherheit der bekannteste Laut von Katzen. Er ist aber auch derjenige, dessen Bedeutung am meisten umstritten ist. Laut Leyhauen [10] leitet es sich vom Schrei des verlassenen Jungtieres ab und kann als Ausdruck eines gestörten Empfindens interpretiert werden.

Grundsätzlich kann das Miauen in einer Vielzahl von Situationen gezeigt werden, und auch von der Lautstärke und Tonhöhe sehr unterschiedlich sein. Katzen können zur Begrüßung ebenso miauen wie bei Forderungen oder Störungen der Befindlichkeit.

Schnurren

Dabei handelt es sich um ein Geräusch, das im Alltag von Katzen häufig zu hören ist. Generell wird es mit Wohlbefinden und positiven Emotionen assoziiert. Allerdings können Katzen in beinahe jeder Situation schnurren, auch kurz vor dem Tod [3], [14]. Das Schnurren kann u. a. als Beschwichtigung interpretiert werden [10], [14]. Aus diesem Grund kann es auch in sehr stressbeladenen Situationen in der Tierarztpraxis gezeigt werden. Das Schnurren wird häufig mit dem menschlichen Lächeln verglichen. Auch das Lächeln ist grundsätzlich positiv besetzt, wird aber auch in schwierigen Situationen gezeigt, beispielsweise um Spannungen abzubauen.

Fauchen

Hierbei handelt es sich um eine defensive Lautäußerung [14]. Es ist ein sogenannter stimmloser Laut. Katzen öffnen dabei ihr Maul etwa zur Hälfte. Die Oberlippe wird in die Höhe gezogen und die Zunge zum Gaumen hoch gewölbt [10]. Die Luft wird so scharf ausgestoßen, dass ein Lufthauch fühlbar ist. Somit wird dabei sowohl ein visueller (Mimik) als auch akustischer und taktiler Reiz gezeigt.

Spucken

Das Spucken ist eine – gegenüber dem Fauchen – verstärkte Drohung [10]. Bei diesem Warnlaut wird die Luft explosionsartig durch die Nase ausgestoßen [10]. Ähnlich wie das Fauchen wird das Spucken vor allem dann gezeigt, wenn die Katze von einem (vermeintlichen) Feind überrascht wird [3]. Laut Leyhausen [10] handelt es sich beim Spucken eher um einen Bluff. Der angedeutete Angriff findet bei weiterer Annäherung meist nicht statt. Vor allem wenn die Katze beim Spucken mit einer oder beiden Vorderpfoten auf den Boden schlägt, ist das Spucken meist abschreckend genug. Dennoch darf man sich niemals darauf verlassen, dass eine spuckende Katze nicht angreift.

Knurren

Beim Knurren handelt es sich ebenfalls um einen Drohlaut [10]. Die Luft wird dabei langsam und stetig ausgestoßen [3]. Auch bei diesem Laut ändert sich die Mimik der Katze; die Maulwinkel werden hochgezogen [10]. Knurren drückt im Allgemeinen eine – gegenüber dem Fauchen und Spucken – erhöhte Angriffsbereitschaft aus [10].

Abwehrkreischen

Bei diesem Laut handelt es sich um ein abgewandeltes Miauen. Die zweite Silbe wird dabei scharf betont [10]. Katzen lassen diesen Laut im Allgemeinen in ärgster Bedrängnis ertönen. In der Tierarztpraxis ist er daher durchaus zu hören. Eine Katze, die Abwehrkreischen zeigt, ist zu defensiver Aggression bereit.

Schnattern

Beim Schnattern sind die Mundwinkel weit nach hinten gezogen. Das Maul ist einen Spalt weit geöffnet [10]. Das Geräusch ist keckernd, schnatternd. Katzen zeigen diese Lautäußerung hauptsächlich dann, wenn sie potenzielle Beutetiere sehen, jedoch nicht zu diesen gelangen können. Ein klassisches Beispiel wäre eine Katze, die durch das geschlossene Fenster einen Vogel beobachtet. Der Laut hat vermutlich keine Mitteilungsfunktion für Artgenossen [10].

3.1.4 Erkennen von Schmerzen

Schmerzmimik

Um eine adäquate Schmerztherapie durchführen zu können, ist es für Tierärzte und das gesamte Praxispersonal essenziell zu erkennen, wann eine Katze unter Schmerzen leidet. In einer Studie von Holden et al. [7] hatte die Mehrheit der Probanden (im tierärztlichen Bereich tätige Personen) Probleme, Schmerzen bei Katzen sicher zu erkennen. Die Autoren haben daher versucht, eine Art Grimace Scale für Katzen zu entwickeln, wie es sie bereits für Kaninchen (S. 71), Ratten (S. 92) und Mäuse (S. 100) gibt. Statistisch signifikante Unterschiede in der Mimik bei Katzen mit Schmerzen im Gegensatz zu Katzen ohne Schmerzen gab es bei der Orbita, der Ohrstellung und dem Maul. So werden beispielsweise die Ohren mit zunehmender Schmerzintensität seitlich abgespreizt und nach unten gedreht gehalten. Holden et al. [7] fanden darüber hinaus, dass sich die Maul-Nasen-Partie bei zunehmenden Schmerzen abflacht bzw. in die Breite zieht.

Die Möglichkeit der Entwicklung einer Grimace Scale wird momentan weiter erforscht. Es bleibt zu hoffen, dass ein solches Mittel zur Erfassung von Schmerzen bei Katzen in naher Zukunft zur Verfügung steht.

Weitere Anzeichen für Schmerzen

Da Katzen oftmals nur sehr subtile Schmerzanzeichen zeigen, ist es immer wichtig, die Persönlichkeit und das Temperament der jeweiligen Katze in die Schmerzbewertung mit einzubeziehen. Je besser der Tierarzt das zu behandelnde Tier kennt, umso leichter sollte es ihm fallen, Schmerzen zu erkennen.

Um Schmerzen bei Katzen zu erfassen, sollten zumindest immer die im Folgenden aufgeführten 25 Anzeichen für Schmerzen überprüft werden. Diese Liste ist dabei nur als Ausgangspunkt zu betrachten; sie ist bei weitem nicht erschöpfend. Zudem existieren große individuelle Unterschiede in der Schmerzäußerung bei Katzen.

Praxistipp

Anzeichen für Schmerzen bei Katzen[11]

- Lahmheit
- Probleme beim Springen
- abnormales Gangbild
- zögerliches Bewegen/Nichtbewegen
- Reaktion auf Palpation
- Rückzug/Verstecken
- fehlendes Putzverhalten
- reduziertes Spielverhalten
- reduzierter Appetit
- allgemein reduzierte Aktivität
- weniger Reiben an Menschen
- generelle Stimmung verändert
- Temperament verändert
- gekrümmte Körperhaltung
- Gewichtsverlagerung
- Lecken einer bestimmten Körperregion
- gesenkte Kopfhaltung
- Blepharospasmus
- verändertes Fressverhalten (z. B. Schlingen, einseitiges Kauen; selten bei niedrigem Schmerzlevel)
- Vermeidung heller Bereiche (selten bei niedrigem Schmerzlevel)
- Knurren (selten bei niedrigem Schmerzlevel)
- Stöhnen (selten bei niedrigem Schmerzlevel)
- geschlossene Augen (selten bei niedrigem Schmerzlevel)
- Schwierigkeiten beim Urinabsatz
- Schwanzschlagen

Weitere Anzeichen für Schmerzen können beispielsweise Unsauberkeit, Ruhen in der Katzentoilette, Hecheln, Mydriasis oder aber auch Miosis sein.

Schmerztherapie

Eine adäquate Schmerztherapie ist vor allem nach Operationen oder anderen Eingriffen angebracht. Spätestens bei ersten Anzeichen von Schmerzen sollten diese entsprechend therapiert werden. Hierbei ist allerdings zu beachten, dass bei vielen Katzen das Verhalten nach einer Operation verändert ist, auch wenn sie keine Schmerzen haben. Gerade Rückzug und Verstecken werden beispielsweise sehr häufig gezeigt.

Dennoch sollte eine extreme Verhaltensänderung (z. B. von einer sehr freundlichen, dem Praxispersonal zugewandten Katze zu einer apathischen oder aggressiven Katze) nach dem vollständigen Abklingen einer Narkose immer Anlass zu einer Revision der gewählten Schmerztherapie geben.

Um eine gute Nachsorge zu Hause zu gewährleisten, sollten auch Besitzer im Erkennen von Schmerzen bei ihrer Katze geschult werden. Eine gute Möglichkeit ist es, den Besitzern das Merkblatt „Hat meine Katze Schmerzen?" der ITIS (Initiative tiermedizinische Schmerztherapie) [8] mitzugeben.

3.2 Vorbereitung auf den Tierarztbesuch

Besitzer müssen klar darauf hingewiesen werden, dass sie einen entscheidenden Einfluss darauf haben, wie belastend der Tierarztbesuch für ihre Katze ist. Idealerweise werden sie bereits vor dem ersten Besuch darüber informiert, wie sie ihr Tier auf die Erlebnisse in der Tierarztpraxis vorbereiten können. Zudem sollten im Wartezimmer oder an der Rezeption der Praxis Handouts zu dem Thema bereit liegen, die sich die Besitzer in Ruhe zu Hause durchlesen können.

3.2.1 Gewöhnung an den Katzenkorb

Auswahl einer geeigneten Box

Die Transportbox ist ein wichtiges Hilfsmittel für den Transport von Katzen in die Tierarztpraxis. Sie muss sorgfältig ausgewählt werden, und Katzenbesitzer sollten dabei möglichst schon im Vorfeld unterstützt werden.

Es sind verschiedenste Modelle im Zoofachhandel erhältlich. Doch nicht alle angebotenen Boxen sind auch tatsächlich empfehlenswert. Transportkörbe sollten ein paar wichtige Kriterien zwingend erfüllen.

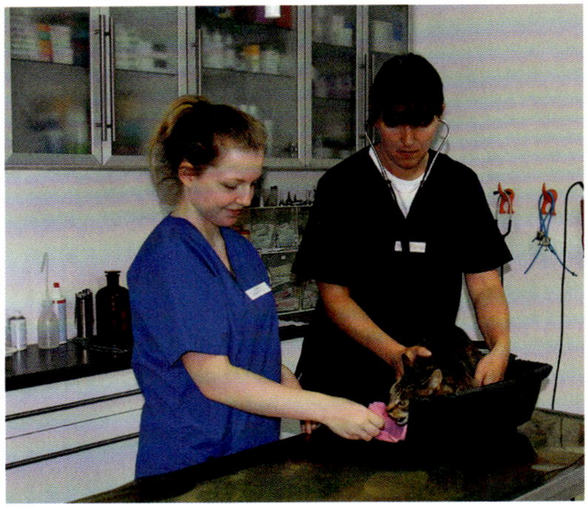

▸ **Abb. 3.10** Es ist weniger belastend für die Katze, wenn sie während der Untersuchung im vertraut riechenden Unterteil des Transportkorbes sitzen bleiben kann. Beachte, dass hier auch zeitgleich Futter angeboten wird. (Quelle: Dr. Ilona Backofen, Dietenheim.)

Praxistipp

Merkmale eines geeigneten Transportkorbes für Katzen [13]

- stabil, sicher und robust
- leicht zu tragen
- leise zu öffnen
- entweder rundherum oder oben zu öffnen

Eines der wichtigsten Kriterien für eine tierfreundliche Behandlung in der Praxis ist dabei, dass der Transportkorb sich von oben oder rundherum öffnen lässt. Dies erlaubt es dem Tierarzt, die Katze im Unterteil des Transportkorbes oder auf der gewohnten Decke zu untersuchen. Dort fühlen sich vor allem ängstliche Katzen in der Regel deutlich wohler als auf dem Behandlungstisch (▸ **Abb. 3.10**).

Zudem müssen auf diese Weise Katzen, die Schmerzen haben, für die initiale Untersuchung nur wenig manipuliert werden.

Ein oben oder rundherum zu öffnender Katzenkorb verringert zudem das Verletzungsrisiko für das Praxispersonal. Ist ein Transportkorb nur vorne geöffnet, muss die Katze mit einer Hand aus dem Korb gezogen werden. Diese frontale Annäherung wird von den meisten Katzen als sehr bedrohlich empfunden (▸ **Abb. 3.11**). Defensive Aggression ist zu erwarten. Aus diesem Grund sind

▶ **Abb. 3.11** Nur vorne geöffneter Katzenkorb. Beachte die deutlichen Stresssignale der untergebrachten Katze (seitlich gedrehte Ohren, Mydriasis, aufgerissene Augen und eingespreizte Pfoten). (Quelle: Dr. Ilona Backofen, Dietenheim.)

▶ **Abb. 3.12** Katze mit Abneigung gegen den Transportkorb.
a Die Katze nähert sich der Transportbox dennoch, wenn besondere Leckerlis in der Nähe angeboten werden.
b Innerhalb von wenigen Minuten berührt genannte Katze sogar den Transportkorb freiwillig.

u. a. auch die klassischen, aus Weidenzweigen geflochtenen Katzenkörbe rundweg abzulehnen. Darüber hinaus sind sie nicht hygienisch sauber zu halten und lassen sich in der Regel auch nur umständlich schließen.

Gewöhnungstraining

Der Transportkorb sollte für Katzen grundsätzlich ein angenehmer Zufluchtsort sein, an dem sie sich gerne aufhalten. Dazu muss eine entsprechende Gewöhnung an die Box erfolgen. Dies kann ein Besitzer auf unterschiedliche Weise erreichen. Die einfachste Möglichkeit ist es in der Regel, dass der Katzenkorb im Rahmen eines Gewöhnungstrainings (S. 118) mithilfe von Futter oder speziellen Leckerlis positiv besetzt wird.

Auch bei Katzen, die bereits eine Abneigung gegen den Transportkorb entwickelt haben, kann diese Technik erfolgreich eingesetzt werden (▶ **Abb. 3.12**).

Zeigt die betreffende Katze jedoch eine extreme Abneigung gegen den Transportkorb (z. B. aufgrund negativer Erfahrungen), dann muss mit einer deutlich längeren Trainingsphase gerechnet werden. Der erste Schritt in einem solchen Fall ist das Füttern in der Nähe der Transportbox. Der Abstand muss dabei so groß gewählt werden, dass die Katze entspannt fressen kann. Schritt für Schritt kann der Napf über die nächsten Tage an den Transportkorb angenähert werden.

Eine weitere Möglichkeit den Katzenkorb für die Katze positiv zu gestalten ist es, diesen mit angenehmen Erlebnissen zu verknüpfen. So können beispielsweise Katzen, die Freilauf genießen, jedes einzelne Mal, wenn es nach draußen in den Garten geht, mit dem Katzenkorb hinausgetragen werden. Innerhalb kürzester Zeit werden die Katzen freiwillig in den Korb steigen, wenn sie wissen, dass danach eine schöne Aktivität (z. B. Freilauf) erfolgt.

Auch nach einer erfolgreichen Gewöhnung an die Box müssen die Besitzer dafür sorgen, dass die Transportkiste nicht ausschließlich für den Transport zum Tierarzt zum Einsatz kommt. Sonst kann die positive Verknüpfung schnell wieder verloren gehen.

Zudem muss ein Besitzer auch ausprobieren, ob seine Katze sich besser entspannt, wenn sie durch die Öffnungen des Transportkorbes nach draußen sehen kann, oder ob sie es bevorzugt, wenn die Sicht (z. B. durch ein Tuch) eingeschränkt ist. Je nachdem was der jeweiligen Katze besser gefällt, sollte darauf im Wartezimmer auf jeden Fall Rücksicht genommen werden, um die Belastung für sie zu reduzieren.

3.2.2 Medical Training

Unter Medical Training versteht man ein Training mit Tieren, das der Vorbereitung auf tierärztliche Untersuchungen oder Behandlungen dient. Wenn Katzen dieses Training durchlaufen haben, dann bleiben sie in entsprechenden Situationen entspannter, und es ist weniger Zwang erforderlich.

Beispiele für Prozeduren, die sinnvollerweise geübt werden, sind das Kontrollieren der Ohren, das Öffnen des Mauls, das Kontrollieren von Augen und Krallen sowie das Anfassen an Brustkorb und Bauch.

Clickertraining

Clickertraining eignet sich in besonderem Maße für das Medical Training bei Katzen. Beim Clickertraining handelt es sich um eine auf positiver Belohnung basierende instrumentelle Konditionierungstechnik. Es erlaubt eine punktgenaue Belohnung und ist unabhängig von der Stimme des Trainers.

Als Hilfsmittel für dieses Training werden ein Signal (z. B. ein Clicker) und eine gute Belohnung benötigt. Bei Katzen ist es besonders wichtig, einen leisen Clicker und eine ansprechende Belohnung zu verwenden. Für Letztere muss evtl. durchprobiert werden, welches Leckerli der Katze besonders gut schmeckt. Zu beachten ist, dass das Leckerli nicht so „überwältigend fantastisch“ sein darf, dass die Katze sich nicht mehr konzentrieren kann und nur noch Augen für die Belohnung hat.

Im ersten Trainingsschritt muss zunächst der Clicker konditioniert werden, damit die Katze eine positive Verknüpfung mit dem Click-Geräusch aufbaut. Dafür wird geclickt und immer direkt anschließend die individuell ausgesuchte Belohnung gegeben. Dies wird in täglichen Trainingseinheiten so oft wiederholt, bis das Tier verstanden hat, was der Click bedeutet. Das erkennt man u. a. daran, dass die Katze den Clicker erwartungsvoll anschaut oder sich nach dem Click sofort zur Belohnung hin orientiert. Ist dieses Stadium erreicht, kann der Clicker zur Belohnung von erwünschtem Verhalten verwendet werden.

Beim Clickertraining ist akkurates Timing zu beachten. Es wird immer die Verhaltensweise verstärkt, die genau in dem Moment gezeigt wird, in dem der Click erfolgt. Manche Besitzer tun sich schwer damit und benötigen daher eine stärkere Begleitung beim Training.

Sollen komplexe Verhaltensweisen, wie etwa die Blutentnahme am Vorderbein, trainiert werden, dann empfiehlt es sich, dies langsam aufzubauen. In einem ersten Schritt wird dabei beispielsweise das Stillhalten auf dem Tisch belohnt. Wird dies sicher beherrscht, kann das Umlegen einer Stauschlinge trainiert werden. Dies kann evtl. aus einem „High Five!“ heraus trainiert werden, bei dem die Katze die Hand des Besitzers „abklatscht“ – wenn dieses Kommando bereits bekannt ist. Ein möglicher nächster Schritt ist es, Druck auf den Unterarm (Simulation des Stauschlauches) auszuüben und zu belohnen. Der Druck wird dabei ebenfalls schrittweise langsam erhöht.

Tabletteneingabe

Das Medical Training bei Katzen sollte auf jeden Fall auch die Gabe von Tabletten beinhalten. Da dies bei vielen Katzen ein größeres Problem darstellt, sollten Besitzer hierauf stets gesondert hingewiesen werden. Zudem müssen sie immer, wenn ihre Katze Tabletten verschrieben bekommt, auch über eine katzenfreundliche Verabreichung (S. 119) informiert werden. Dies erfolgt am besten sowohl mündlich als auch schriftlich. Können die Besitzer Medikamente gefahrlos und stressarm verabreichen, werden sie dies eher tun, als wenn sie riskieren, gebissen oder gekratzt zu werden.

Besitzer sollten auch das notwendige Handling für die Tabletteneingabe mithilfe von Belohnung durch Leckerli oder mit Clickertraining üben. Die Halter sollten sich dafür mit ihrer Katze entspannt auf den Boden setzen. Die Katze ist dabei idealerweise zwischen den Beinen des Besitzers positioniert und blickt von ihm weg. Die Katze muss für ruhiges Sitzen ausführlich belohnt werden. Es kann sogar ein Kommando für diese Sitzposition eingeführt werden. Wird es beherrscht, dann kann das Halten des Kopfes und das Öffnen des Maules trainiert werden. Langsames Voranschreiten und zeitgerechtes Belohnen sind für einen Erfolg essenziell.

Bei einer „echten" Tabletteneingabe sollte, wenn möglich, die Tablette mit Butter, Lachspaste o. Ä. bestrichen werden. Auf diese Weise lässt sich die Tablette leichter über den Zungengrund drücken, zudem ist der Geschmack ist für die Katze angenehmer. Ein leichtes Massieren des Halses empfiehlt sich, um den Schluckreflex auszulösen, ebenso wie ein vorsichtiges Geben kleiner Mengen Wasser mithilfe einer Spritze. Anschließend an jede Tabletteneingabe sollte die Katze vom Besitzer noch gestreichelt werden und mit Spiel oder Leckerlis belohnt werden. Idealerweise beschäftigt sich der Besitzer noch so lange direkt mit der Katze, bis diese sich vollkommen beruhigt hat.

Da viele Katzen eine bestimmte Art der Tabletteneingabe (mit dem Futter, eingeschlossen in Leckerlis etc.) nur eine gewisse Zeitlang tolerieren, sollten die Besitzer angeleitet werden, die Geschmacksrichtungen immer wieder einmal abzuwechseln, um das Erlebnis insgesamt so positiv wie möglich zu gestalten.

Weitere Tipps zur Tabletteneingabe für Besitzer finden Sie im entsprechenden Merkblatt (S. 119) im Anhang.

3.2.3 Der Weg zum Tierarzt

Autofahrt

Die meisten Katzen werden mit dem Auto zum Tierarzt gebracht. In der Regel verbringen sie sonst keine Zeit im Auto. Die Mehrzahl der Katzen hat daher eine Aversion gegen Autofahren. Besitzer sollten darauf hingewiesen werden, dass eine Gewöhnung an die Autofahrt (S. 114) durchaus möglich ist.

3.3 Situationen in der Tierarztpraxis

Der Aufenthalt in der Tierarztpraxis kann für Katzen aus den verschiedensten Gründen problematisch sein. Zum einen handelt es sich um eine höchst ungewöhnliche Situation. Zum anderen verbringen die meisten Katzen nur dann Zeit im Katzenkorb und/oder im Auto, wenn ein Tierarztbesuch ansteht. Daher ist meistens schon die Anreise ein nicht zu unterschätzender Stressfaktor für Katzen, und die Tiere kommen bereits in einem gewissen Erregungszustand in der Praxis an.

Zudem kann Unruhe oder Stress bei einem Tierarztbesuch auch durch körperliches Unwohlsein oder aber durch eine Verknüpfung mit negativen Ereignissen (frühere schmerzhafte Behandlungen etc.) ausgelöst werden. Dessen sollte sich jeder im Praxisteam bewusst sein, bevor ein Katzenpatient behandelt wird. Zusätzlich muss man die besondere Stressempfindlichkeit von Katzen beachten.

3.3.1 Vorbereitung des Behandlungsraumes

Das Behandlungszimmer sollte vor dem Eintritt des Patienten entsprechend vorbereitet sein. Grundsätzlich muss der Behandlungsraum ruhig und das Licht nach Möglichkeit gedämpft sein, um eine ruhige Grundstimmung zu erzeugen. Zusätzlich sollten beispielsweise für verspielte Katzenwelpen Spielzeuge zur Ablenkung zur Verfügung stehen [13]. Soll dagegen eine ältere Katze untersucht werden, ist es besonders wichtig darauf zu achten, dass das Tier auf einer weichen Oberfläche (z. B. eigenes Handtuch oder Decke aus dem Katzenkorb) sitzen kann [13]. Sollten Gelenkerkrankungen vorbekannt sein, muss darauf ebenfalls Rücksicht genommen werden.

Alle Gegenstände und Geräte, die voraussichtlich benötigt werden, müssen sich im Behandlungsraum befinden, bevor der Katzenpatient diesen betritt, um unnötiges Öffnen und Schließen von Türen zu vermeiden. Diese Utensilien sollten nach Möglichkeit in Griffweite des Tierarztes und einsatzbereit hergerichtet sein, bevor das Handling der Katze beginnt. Dazu gehört es beispielsweise auch, dass die Spritzen bereits aus ihrer Verpackung genommen wurden [13].

Zeit ist ein kritischer Faktor in der tierärztlichen Praxis. Dennoch sollte jedem Katzenpatienten Zeit gegeben werden, sich zu beruhigen und sich in Ruhe im Behandlungsraum umzusehen. Je entspannter der Patient ist, desto schneller, unkomplizierter und somit auch zeitsparender kann anschließend die Untersuchung und Behandlung erfolgen.

Idealerweise kann der Katzenkorb geöffnet abgestellt werden, sodass die Katze von sich aus entscheiden kann, wann sie sich sicher genug fühlt, um den Raum zu erkunden. Selbstverständlich muss im Rahmen einer stressarmen Behandlung dafür gesorgt werden, dass die Katze sich in keinen unzugänglichen Winkel zurückziehen kann, aus dem sie nachher mühevoll wieder hervorgelockt werden muss. Der Transportkorb sollte als Rückzugsmöglichkeit jedoch schnell verfügbar sein.

3.3.2 Handling des Patienten

Grundsätzlich muss man sich darüber im Klaren sein, dass Katzen in der Regel mit erhöhter Abwehr auf Zwangsmaßnahmen reagieren. Daher sollten zunächst immer behutsame, sanfte Handling-Methoden ausprobiert werden. Eine Ablenkung mit Futter oder Spielzeug kann hierbei äußerst hilfreich sein.

Allgemein

Katzen sollten mit einer ruhigen, freundlichen Stimmlage mit ihrem Namen begrüßt werden [13]. Die Körpersprache des Tierarztes bzw. des Assistenten sollte dabei durchgehend weich und freundlich sein. Bei Katzenpatienten bietet es sich an, nach dem von Rodan et al. [13] propagierten Slogan „Slow is fast and fast is slow“ zu arbeiten. Das bedeutet, dass langsame und ruhige Bewegungen eher zum Ziel führen als schnelle und hektische. Insgesamt sollte ein gleichmäßiger, ruhiger Arbeitsrhythmus vorherrschen. Die Arbeitsgeschwindigkeit ist dem jeweiligen Tier individuell anzupassen.

Merke
Langsames, ruhiges Handling resultiert in besseren Ergebnissen und ist somit langfristig gesehen zeitsparend.

Lange, ruhige Atemzüge des behandelnden Tierarztes oder Assistenten können zu einer Beruhigung der Katze führen [1].

Es ist nach Möglichkeit zu vermeiden, Katzen in die Augen zu starren, da dies als Bedrohung empfunden werden kann. Auch eine direkte Annäherung von vorne kommt für Katzen einer Drohung gleich. Daher sollte der Untersucher immer, wenn möglich, hinter der Katze stehen. Nahezu alle Untersuchungen (außer z. B. mit dem Ophthalmoskop) lassen sich von dieser Position aus durchführen. Diese Position erlaubt es dem Untersucher auch, die Katze sanft gegen den eigenen Bauch zu drücken und auf diese Weise etwas zu fixieren, wenn keine Hilfsperson zum Handling verfügbar ist.

Eine Untersuchung im Unterteil des Transportkorbes und auf der vertrauten Decke ist nach Möglichkeit zu bevorzugen, da diese wenigstens einigermaßen bekannt für die Katze riechen, auch wenn keine spezifische Gewöhnung an den Transportkorb erfolgt ist. Bei besonders ängstlichen Katzen sollte ein Handtuch über das Unterteil gelegt werden, wenn der Deckel abgenommen wird, um dem Tier mehr Sicherheit zu vermitteln. Auch bei ersten Anzeichen von Angstaggression sollte dieser Schritt durchgeführt werden, bevor das Tier mit dem Handtuch gegriffen wird. Wenn eine Untersuchung im Unterteil des Katzenkorbes nicht möglich ist, kann eine Kleintierwaage mit einer entsprechenden Wiegeschale eine gute Alternative darstellen. Durch die leicht erhöhte Position und den Rand der Wiegeschale wird einer Katze ein Minimum an Sicherheit vermittelt. Eine bekannte Decke als Unterlage kann hier zusätzlich hilfreich sein.

Eine Katze sollte nach Möglichkeit nicht aus der Transportbox gezogen oder geschüttelt werden. Idealerweise erhält sie die Möglichkeit selbst zu entscheiden, wann sie die Box verlassen will. Es empfiehlt sich daher beispielsweise, die Anamnese durchzuführen, während die Transportbox geöffnet ist. Sollte eine Katze auch nach längerer Wartezeit keine Anstalten machen die Box zu verlassen, und ist es zwingend notwendig, dass sie diese vollständig verlässt, dann sollte sie mit zwei Händen aus der Transportbox genommen werde. Eine Hand umfasst dabei Brust und Abdomen, die andere Hand umfasst den Nacken- und Schulterbereich von oben. Auf diese Weise kann der Kopf gesichert werden. Insgesamt muss immer mindestens eine Hand an der Katze bleiben, um sie notfalls sichern zu können.

Der Zeigefinger kann als eine Art Begrüßungssignal verwendet werden [1]. Viele Katzen werden einen ausgestreckten Zeigefinger beschnüffeln und sich evtl. sogar an ihm reiben.

Fixieren

Da Katzen sehr schnell in einen äußerst hohen Erregungszustand geraten können und sich meist nur schwer wieder beruhigen, sind erregende Situationen nach Möglichkeit zu vermeiden. Ein sanfter, aber doch sicherer Haltegriff, bei dem auch die Vorderbeine kontrolliert werden können (► **Abb. 3.13**), kann hier gut vorbeugend wirken, wenn eine Fixierung notwendig ist.

Im sogenannten „Dreiergriff" können die Vorderbeine auch bei erwachsenen Katzen gut und sanft fixiert werden. Die Finger der einen Hand kommen dabei außen und zwischen den Vorderbeinen zu liegen.

Manche Katzen empfinden es als beruhigend, wenn mit der Hand, die Kopf und Schulterbereich fixiert, wippende Bewegungen durchgeführt werden. Auch ein Kraulen oder Massieren der Katze kann beruhigend wirken oder die Katze von unan-

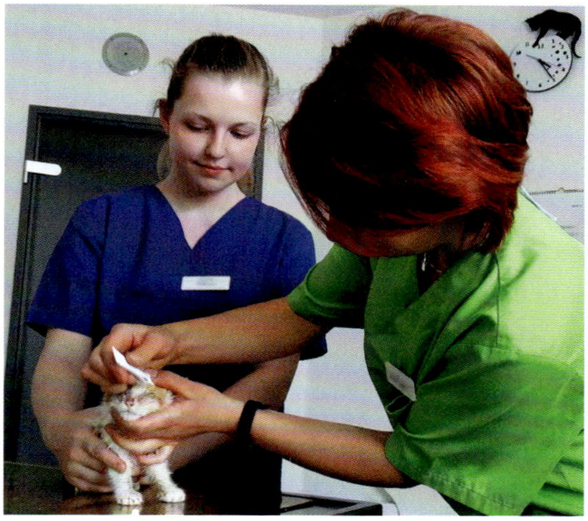

► **Abb. 3.13** Ein sanfter, sicherer Haltegriff, bei dem auch die Vorderbeine gesichert sind, kann ein zügiges Handling am besten ermöglichen. (Quelle: Dr. Ilona Backofen, Dietenheim.)

genehmen Prozeduren oder auch einer normalen Untersuchung ablenken. Dabei ist allerdings darauf zu achten, ausschließlich an Kopf und Nacken zu streicheln, da dies die bevorzugten Stellen für Berührungen sind. Das Anfassen an anderen Stellen kann schnell zu einer hohen Erregung führen.

Es sollte auch vorab abgefragt werden, ob die Katze normalerweise gerne gestreichelt wird oder nicht.

Praxistipp

Bereits erregte Katzen sollten nicht gestreichelt werden, ganz besonders nicht am Rücken!

Towel Wrap

Für viele Katzen ist es angenehmer, wenn man sie in ein weiches Handtuch einwickelt, anstatt sie mit Händen oder Handschuhen zu fixieren. Dies beruhigt selbst wildlebende Streunerkatzen, und hilft auch dem Praxispersonal, verletzungsfrei zu untersuchen. Werden die Bewegungen einer Katze auf diese Weise eingeschränkt, ist die Wahrscheinlichkeit größer, dass die Katze ruhig sitzen bleibt.

Idealerweise wird für kleine, zarte Katzen ein Friseurhandtuch (ca. 50 × 100 cm) und für große, kräftige Katzen ein Duschtuch (ca. 70 × 140 cm) verwendet. Es gibt eine Reihe verschiedener Methoden für das Wickeln des Handtuchs, je nach-

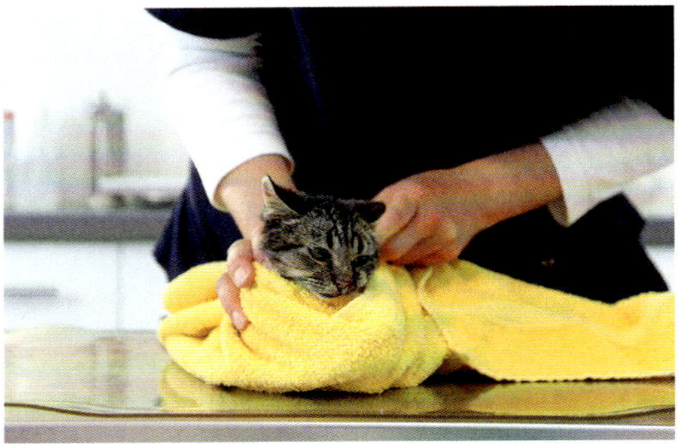

▶ **Abb. 3.14** Letzter Schritt beim Scarf Wrap: Die zweite Handtuchseite wird um den Körper der Katze geschlagen. Durch diesen Wrap bleibt der Kopf für Untersuchungen zugänglich. (Quelle: Dr. Ilona Backofen, Dietenheim.)

dem was untersucht und welcher Effekt erzielt werden soll. Die jeweilige Technik sollte dabei anfangs immer mit einem Stofftier geübt werden, bis die Handgriffe sitzen. Grundsätzlich sollten auch mehrere Handtücher in Griffweite sein, damit die Katze sicher eingewickelt werden kann.

Es ist hilfreich, wenn dem Besitzer erklärt wird, weshalb ein Towel Wrap durchgeführt wird, und wie die Katze davon profitiert. Besonders häufig angewendete Techniken sind der sogenannte „Scarf Wrap" (▶ **Abb. 3.14**) und auch der „Burrito Wrap" (▶ **Abb. 3.15**).

Beim **Scarf Wrap** wird die Katze zunächst auf das Handtuch platziert. Fixiert wird die Katze idealerweise hinter dem Kopf mit Zeige- und Mittelfinger. Beide Finger bilden dabei ein „V", das den Nacken umschließt. Der Arm liegt auf dem Rücken der Katze und hilft ebenfalls beim Fixieren. Vor der Katze sollten noch ca. 10–15 cm Handtuch zur Verfügung stehen und auf der Seite mindestens je 30 cm. Dann wird der kurze Handtuchteil vorne wie ein Schal (Scarf) um die Katze gewickelt. Das Handtuch sollte eng anliegen, aber die Luft nicht abschnüren. Dann wird die eine Seite des Handtuchs über den gesamten Körper der Katze gelegt. Nur der Kopf bleibt frei. Das Ende wird ebenfalls wie ein Schal nach vorne und unten um den Hals der Katze gewickelt. Abschließend wird die andere Seite des Handtuchs über die Katze gelegt (▶ **Abb. 3.14**).

Beim **Burrito Wrap** wird auch der Kopf der Katze mit in das Handtuch eingewickelt. Dies wird von vielen Katzen als angenehm empfunden, da es eine Art Unterschlupf darstellt. Die Katze wird zunächst wieder auf dem Handtuch platziert. Vor dem Kopf der Katze sollte noch so viel Handtuch übrig sein, dass es den Kopf der Katze ganz bedeckt, wenn es umgeklappt wird. Das Vorderteil des Handtuchs wird nun komplett über den Kopf der Katze gelegt. Es ist darauf zu achten, dass das Handtuch locker auf der Nase aufliegt, um der Katze problemlos das Atmen zu ermöglichen. Nun wird die eine Seite des Handtuchs stramm (aber nicht zu stramm) über die Katze gelegt. Dabei muss die fixierende Hand gewechselt werden, sodass wieder oben auf dem Handtuch fixiert wird. Abschließend wird die zweite Seite des Handtuchs über die Katze gelegt. Auch hier muss wieder die fixierende Hand gewechselt werden. Eine Palpation des Abdomens, Zystozentese, Untersuchung des Hinterteils oder auch eine Blutentnahme vom Hinterbein sind mit der „Burrito"-Technik möglich (▶ **Abb. 3.15**).

Aufsetzen eines Halskragens

Wenn ein Halskragen notwendig ist, so muss vorab kontrolliert werden, welche Größe und Länge für die jeweilige Katze infrage kommen. Der Halskragen sollte bereits verschlossen und an einem Halsband befestigt sein, bevor er dem Patienten übergestülpt wird. Dies verringert die Zeit deutlich, in der an der Katze manipuliert wird, da nach dem Überstülpen nur noch das Halsband geschlossen werden muss. Gleichzeitig sollte ein Helfer die Katze mit Lachs- oder Vitaminpaste ablenken – vorausgesetzt, die betreffende Katze verträgt und mag diese Leckerlis.

Praxistipp

Weiche Halskrägen sind gegenüber steifen Plastikkrägen nach Möglichkeit zu bevorzugen, da sie im Allgemeinen von Katzen eher akzeptiert werden.

Besonders „schwierige" Katzenpatienten

Auch äußerst schwierige Katzen, wie beispielweise wildlebende Tiere, bleiben in der Regel ruhiger, wenn sie direkt beim Öffnen des Transportkorbes mit einem Handtuch bedeckt werden. Dabei ist

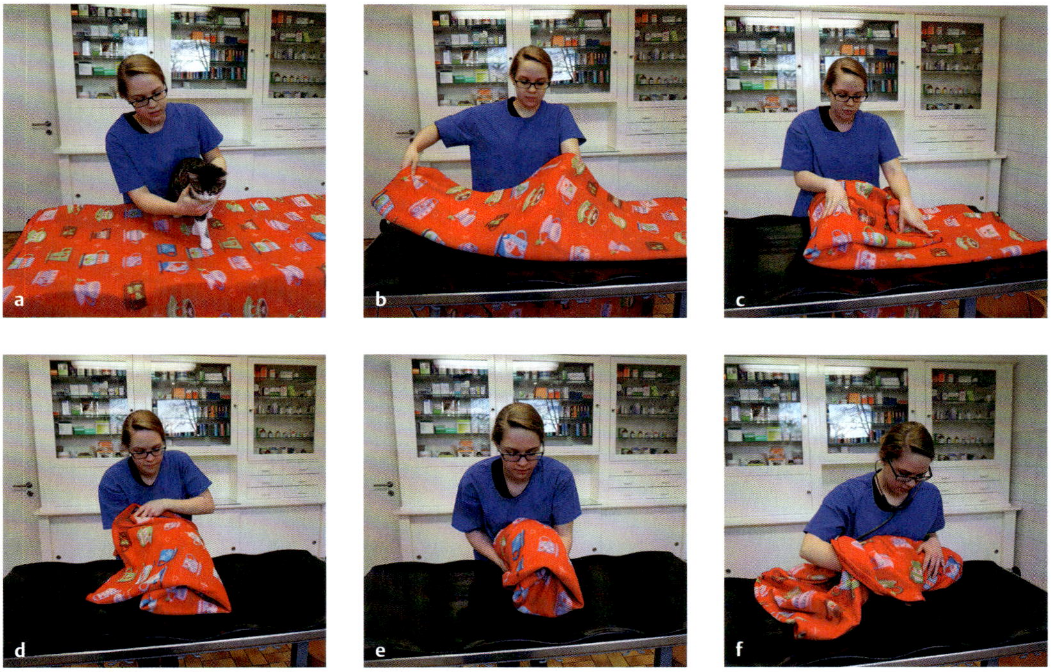

▶ **Abb. 3.15** Katze im „Burrito Wrap“. (Quelle: Dr. Maria Stobbe, Trittau.)
a Die Katze wird auf dem Handtuch platziert.
b Das Vorderteil des Handtuchs wird komplett über den Kopf der Katze gelegt.
c Die eine Seite des Handtuchs wird stramm (aber nicht zu stramm) über die Katze gelegt. Dabei wird die fixierende Hand gewechselt, sodass wieder oben auf dem Handtuch fixiert wird.
d Abschließend wird die zweite Seite des Handtuchs über die Katze gelegt. Auch hier muss wieder die fixierende Hand gewechselt werden.
e Der „Burrito Wrap“ ist fertig.
f Jetzt ist beispielsweise eine Palpation des Abdomens möglich.

auf ruhige, fließende Bewegungen zu achten! Wenn die Katze unter dem Handtuch ist, kann sie mit einer Hand hinter dem Kopf (oben auf dem Handtuch) fixiert werden. Ohne das Handtuch ganz zu entfernen, können dann Auskultation und Palpation von Brustkorb und Abdomen erfolgen. Der Kopf sollte weiterhin bedeckt bleiben, um der Katze ein gewisses Gefühl an Sicherheit zu geben.

! Merke
Die häufigste zugrunde liegende Ursache für aggressives Verhalten von Katzen in der Tierarztpraxis ist Angst.

Sicherheitshandschuhe und Maulkörbe für Katzen sollten verwendet werden, wenn es für die Sicherheit der anwesenden Personen unumgänglich ist. Die diesen Gegenständen oft anhaftenden Gerüche anderer Katzen können aber zu einer erhöhten Erregung führen. Ein Katzenmaulkorb kann den Vorteil einer visuellen Einschränkung bieten (ähnlich dem Burrito Wrap), und dadurch im Einzelfall einen beruhigenden Effekt auf die Katze haben.

Anstelle von Sicherheitshandschuhen kann auch eine doppelte Lage Handtücher verwendet werden.

! Merke
Die Fixierung in einem Zwangskäfig sollte absoluten Ausnahmefällen vorbehalten bleiben.

Im Einzelfall kann es angebracht sein, einer Katze vor einem Tierarztbesuch oder bereits im Wartezimmer ein Anxiolytikum zu verabreichen, um den Stress für dieses Tier zu reduzieren. Ein Benzodiazepin (Cave: Diazepam kann zu fataler Leberzellnekrose führen) kann hier hilfreich sein. Dabei muss allerdings beachtet werden, dass Benzodiazepine zu einer Enthemmung bei Aggression führen können.

Handling nach der Untersuchung

Im Anschluss an eine nervenaufreibende Behandlung sollte der Katze immer die Möglichkeit gegeben werden sich zu beruhigen [1]. Auf diese Weise kann einer Aversion gegen die Tierarztpraxis vorgebeugt werden. So sollten beispielsweise – je nach Vorliebe und Temperament der Katze – Streicheleinheiten und Leckerlis verabreicht, oder aber auch nicht invasive, milde Prozeduren abschließend durchgeführt werden. Eine Ausnahmesituation liegt vor, wenn sich die Katze extrem aufgeregt und einen sehr hohen Erregungszustand erreicht hat. Dann sollte sie möglichst schnell wieder in ihre Transportbox verbracht und mit einem Tuch abgedeckt werden. Die Besitzer müssen dann über sinnvolles weiteres Vorgehen (S. 67) informiert werden.

> **Praxistipp**
> **Zusammenfassung der wichtigsten Empfehlungen**
> - Der Katze muss Zeit gegeben werden sich mit der Umgebung vertraut zu machen. Wenn machbar, soll eine Erkundung des Untersuchungsraumes ermöglicht werden.
> - Untersuchungen sollten vor allem bei ängstlichen Katzen soweit wie möglich im Unterteil des Transportkorbs durchgeführt werden.
> - Bei besonders ängstlichen und/oder aggressiven Katzen sollte direkt nach Öffnen des Transportkorbes ein Handtuch aufgelegt werden.
> - Allgemeine Handling-Empfehlungen:
>   - seitliches Stehen hinter der Katze
>   - kein Starren in die Augen
>   - ruhige, sanfte Stimmlage
>   - keine hastigen Bewegungen
>   - so wenig wie möglich fixieren
>   - sanfte, aber sichere Fixierung, wenn nötig (z. B. im sogenannten Dreiergriff)
> - Bei Katzen, die im Umgang schwierig sind, ist ein Towel Wrap oder das Greifen mithilfe eines Handtuchs tierfreundlicher als andere Zwangsmaßnahmen.
> - Nach der Behandlung soll der Katze Zeit gegeben werden sich zu beruhigen, um einer Aversion gegen die Praxis vorzubeugen.

3.3.3 Stationärer Aufenthalt

Stationärer Bereich

Idealerweise gibt es im stationären Bereich ein extra „Katzenzimmer“, in dem Katzen getrennt von Hunden oder kleinen Heimtieren und Vögeln aufgenommen werden können. Zumindest sollten aber andere Katzen und Hunde nicht in Sichtweite untergebracht werden [5]. Im Katzenbereich kann es sinnvoll sein das Licht zu dimmen, damit sich die Patienten eher beruhigen. Dies ist besonders bei ängstlichen Katzen hilfreich [5]. Zugleich ist auf möglichst viel Ruhe zu achten.

Wie bereits erwähnt, ist es wichtig, dass Katzen im stationären Bereich ein adäquater, abgedunkelter Rückzugsbereich zur Verfügung steht. Dies kann eine Katzenhöhle oder aber auch der eigene Transportkorb der Katze sein. Eine Decke, die den stationären Käfig ganz oder teilweise verdeckt, ist ebenfalls sinnvoll. Auf individuelle Vorlieben der Katze für Verstecke (Karton, Stoffhöhle etc.) sollte bei der Einrichtung des Käfigs Rücksicht genommen werden.

Zusätzlich muss der Käfig, in dem ein Katzenpatient untergebracht wird, auch noch groß genug sein, um eine Katzentoilette zu beherbergen, die deutlich entfernt von Futter- und Wassernapf gelegen ist. Für die Katzentoilette sollte nach Möglichkeit bekannte Einstreu verwendet werden.

Damit sich die Katze sicherer fühlt, sollten Decken, Kissen etc. von Zuhause in den Käfig gelegt werden. Auch die Fütterung des bekannten Futters von zu Hause (wenn möglich) kann der Katze dabei helfen, mit dem Klinikaufenthalt besser zurechtzukommen.

Idealerweise kann das Klima in jedem einzelnen Stationskäfig individuell angepasst werden. Vor allem sehr junge, sehr alte, sedierte oder schwer erkrankte Katzen profitieren im Allgemeinen von einer höheren Umgebungstemperatur[5]. Ist eine individuelle Anpassung der Temperatur nicht möglich, kann durch warme, flauschige Katzenhöhlen eine wärmere Zone im Käfig geschaffen werden.

Müssen Katzen für Untersuchungen oder Behandlungen aus dem Käfig entnommen werden, sollte dies ebenfalls immer ruhig und sanft erfolgen. Bei besonders unleidigen oder angriffslustigen Katzen hat es sich bewährt, sie zunächst mit einem Handtuch zu bedecken und dann mithilfe des Handtuchs aus dem Käfig zu nehmen. Wichtig ist dabei, dass die Katze durch das Handtuch hindurch sicher gegriffen wird. Idealerweise fixiert eine Hand hinter dem Kopf im Nacken.

Für soziale, verschmuste Katzen sollte sich das Praxispersonal außerhalb der Behandlungszeiten zusätzlich gesondert Zeit nehmen. In dieser Zeit sollte mit den Patienten gespielt und geschmust werden, je nach Vorliebe der betreffenden Katze [5]. Diese positiven Interaktionen fördern nicht nur das Wohlbefinden der Katze, sondern auch das des Praxisteams.

Praxistipp

Auch bei stationärem Aufenthalt ist darauf zu achten, dass notwendige Prozeduren möglichst im ruhigsten Teil der Klinik bzw. der Praxis durchgeführt werden. Direkter Kontakt zu anderen Tieren (z. B. im Röntgenbereich) ist strikt zu vermeiden.

Operationen

Um eine optimale Erholung nach Operationen zu gewährleisten, muss auch perioperativ das Umfeld auf den Katzenpatienten abgestimmt werden.

Die Katze sollte belastenden Situationen möglichst wenig ausgesetzt werden. Insgesamt sollte der Geräuschpegel niedrig bleiben. Daher ist es beispielsweise wichtig, die Katze an einem ruhigen Ort zu isolieren, bis die Narkose eingeleitet wurde [5]. Dabei sollte die Katze eine Decke oder ein Spielzeug zur Verfügung haben, dem der vertraute Geruch von Zuhause anhaftet.

Während der Aufwachphase benötigen Katzen eine angenehme Raumtemperatur, eine adäquate Schmerzbehandlung und eine ausreichende Flüssigkeitszufuhr [5]. Auch hier muss wieder auf Ruhe und gedimmtes Licht geachtet werden. Da sich die meisten anästhesiebedingten Todesfälle in der postoperativen Phase ereignen [4], ist sowieso eine strikte (aber möglichst wenig störende) Überwachung des Patienten notwendig.

3.4 Nach dem Tierarztbesuch

3.4.1 Probleme nach großer Erregung

Katzen können für mehrere Stunden in einem hohen Erregungszustand bleiben. Das bedeutet, dass die Besitzer darauf hingewiesen werden müssen, wenn eine Katze in der Praxis diesen Zustand erreicht hat. Die Besitzer sollten eine solche Katze zu Hause zunächst nur wenn zwingend notwendig und auch dann nur sehr vorsichtig handeln. Idealerweise kann sich die Katze in einem dunklen, ruhigen, katzengerecht eingerichteten Raum (Versteckmöglichkeiten, Futter- und Wassernapf, Kratzbaum und Katzentoiletten) beruhigen, bevor sie wieder Kontakt zu Familienmitgliedern aufnimmt. Gerade bei Katzen mit einer aggressiven Vorgeschichte bzw. bei Katzen, die mit weiteren Katzen oder Hunden in einem Haushalt zusammen leben, muss diese Beruhigungszeit eingehalten werden.

Erst wenn die Katze sich vollkommen beruhigt hat, kann sie wieder normal Zugang zu Mitbewohnern und anderen Zimmern bzw. Freigehege oder Freilauf erhalten. Je nach Katze kann das bis zu 24 oder 48 Stunden dauern [1].

3.4.2 Probleme durch Nichterkennen

Wohnt der behandelte Patient in einem Mehrkatzenhaushalt, muss der Besitzer darauf hingewiesen werden, dass es Schwierigkeiten bei der Zusammenführung nach einem Tierarztbesuch geben kann. Dies kann besonders dann passieren, wenn die Katze einen stationären Aufenthalt hinter sich hat (eine Nacht oder mehr) oder auch dann, wenn es bereits in der Vergangenheit zu aggressiven Auseinandersetzungen zwischen den Katzen im Haushalt gekommen ist.

Diese Probleme sind hauptsächlich durch den veränderten Geruch bedingt, der der behandelten Katze nach einem Praxisaufenthalt anhaftet. Aber auch wenn die Effekte der Narkose oder Sedierung noch nicht vollständig verflogen sind und sich die Katze anders als normal benimmt, kann es zu Auseinandersetzungen mit den anderen Artgenossen im Haus kommen.

Diese Probleme werden auch oft Aggression aufgrund von „Nichterkennen“ genannt. Wenn es in dieser Situation zu einem Kampf kommt, kann die Beziehung zwischen den Katzen schwer geschädigt werden und eine territoriale Aggression entstehen.

Dieser Art der Aggression zwischen Katzen wird am besten dadurch vorgebeugt, dass Hauskatzen nach einer Trennung solange nicht zusammengeführt werden, bis die Katze, die beim Tierarzt war, sich von der Prozedur völlig erholt hat. Erst dann können beide vorsichtig zusammengebracht werden. Dies sollte man in der Art eines reduzierten Gewöhnungstrainings durchführen. Es muss mit einem Geruchsaustausch begonnen werden. Dazu sollten die zu Hause gebliebenen Katzen mit einem Wattebausch oder Tüchlein an Schläfen und um das Maul herum sanft gestreichelt werden. Mit diesem Tuch wird anschließend die behandelte Katze sanft abgerieben, um den Geruch der heimatlichen Katzengruppe zu übertragen.

Praxistipp

Nach einem stationären Aufenthalt sollte der Besitzer immer eine bekannte Decke oder ein Kissen, das nach Zuhause riecht, in den Transportkorb legen. Dies fördert das Wohlbefinden der behandelten Katze, aber auch den notwendigen Geruchsaustausch im Mehrkatzenhaushalt.

Das erste Zusammentreffen der behandelten Katze mit den zu Hause gebliebenen Katzen muss vom Besitzer sorgfältig überwacht werden. Eine Interaktion darf dabei nicht erzwungen werden. Der Besitzer muss dazu angehalten werden, bei Anzeichen von Aggression die Katzen zu trennen und den behandelnden Tierarzt um Rat zu fragen.

Zusammenfassung

- Katzen müssen bereits im Welpenalter auf den Menschen sozialisiert werden, um ihn als Sozialpartner zu akzeptieren und Vertrauen zu ihm zu haben.
- Katzen benötigen einen sicheren Rückzugsort, um sich sicher zu fühlen. Dies kann in der Klinik der eigene Transportkorb sein oder auch ein Handtuch, mit dem das Gitter des Käfigs bzw. Transportkorbes verdeckt wird.
- Katzen möchten ihre Umgebung von einem erhöhten Punkt aus beobachten. Daher müssen sie in Wartezimmer, Behandlungsraum oder auch stationärem Bereich immer in einer erhöhten Position untergebracht werden.
- Da das Sehvermögen von Katzen an Bewegung und an Dämmerlicht angepasst ist, sind schnelle Bewegungen zu vermeiden, und das Licht im Raum sollte möglichst gedimmt sein.
- Anhand der Körpersprache lässt sich das Empfinden einer Katze bestimmen. Besonders aussagekräftig sind die Stellung von Ohren und Rücken, ebenso wie die Schwanzposition. Angst kann schnell in Angstaggression umschlagen.
- Katzen zeigen Schmerzen oft nur auf subtile Weise. Veränderungen in der Stellung der Ohren und in der Maul-Nasen-Partie können Hinweise auf Schmerzen sein. Merola und Mills [11] haben zudem 25 sichere Anzeichen für Schmerzen bei Katzen identifiziert, wie beispielsweise verändertes Fressverhalten und verändertes Temperament.
- Katzen können auf vielfältige Weise vokalisieren. Miauen ist ebenso wie das Schnurren häufig zu hören. Beide Laute können positive sowie negative Bedeutungen haben. Drohen steigert sich in der Regel vom Fauchen, hin zu Spucken und schließlich zum Knurren. In höchster Bedrängnis lassen Katzen ein Abwehrkreischen hören.
- Besitzer sollten dazu angeleitet werden, einen Tierarztbesuch wenn möglich ausführlich vorzubereiten.
- Katzen sollten mithilfe eines Gewöhnungstrainings an das Autofahren und den Transportkorb gewöhnt werden. Eine geeignete Transportbox ist stabil, sicher, leicht zu tragen und leise von oben oder rundherum zu öffnen.
- Durch sinnvolles Medical Training sollten Katzen positiv auf Untersuchungen und Behandlungen vorbereitet werden.
- Das Handling der Katzen in der Praxis muss tierfreundlich erfolgen. Dazu gehören ruhige Bewegungen und eine sanfte Stimme, ebenso wie eine gute Vorbereitung der Untersuchungen vor dem Handling. Es ist so wenig Zwang wie möglich anzuwenden.
- Ein sogenannter „Towel Wrap“ kann sehr hilfreich sein. Zum einen beruhigt er die eingewickelte Katze, zum anderen verringert sich dadurch das Verletzungsrisiko für das Praxisteam.

- Besonders schwierige Katzen können oft besser gehandelt werden, wenn gleich beim Öffnen der Transportbox ein Handtuch über sie gelegt wird.
- Die Fixation mittels Zwangskäfig ist nach Möglichkeit zu vermeiden.
- Da Katzen lange in einem hohen Erregungszustand bleiben können, müssen den Besitzern entsprechende Verhaltensmaßnamen nahegelegt werden, wenn ihre Katze sich überdurchschnittlich aufgeregt hat.
- Um eine Aggression durch Nichterkennen im Mehrkatzenhaushalt zu vermeiden, sind Katzen nach einem Tierarztaufenthalt wieder langsam und nur unter Beobachtung zusammenzuführen. Vorab muss ein Geruchsaustausch durchgeführt werden. Alle Nachwirkungen einer Narkose oder Sedierung müssen zudem verflogen sein.

Literatur

[1] Anseeuw E, Apker C, Ayscue C et al. Handling cats humanely in the veterinary hospital – produced by the behavioral medicine course at the North American Veterinary Conference, Post Graduate Institute (NAVC PGI), 2005. J Vet Behav 2006; 1: 84–88

[2] Bakker E. The use of Felifriend and Feliway spray for the clinical examination of cats. Faculty of Veterinary Medicine Master Thesis, Utrecht University, 2014. Im Internet: https://dspace.library.uu.nl/handle/1874/301361; letzter Zugriff: 23.08.2017

[3] Beaver B. Feline Behavior – a Guide for Veterinarians. St. Louis: Saunders, Elsevier Science, 2003

[4] Brodbelt D. Feline anesthetic deaths in veterinary practice. Top Companion Anim Med 2010; 25: 189–194

[5] Carney H, Little S, Brownlee-Tomasso D et al. AAFP and ISFM Feline-Friendly Nursing Care Guidelines. J Feline Med Surg 2012; 14: 337–349

[6] Frank D, Beauchamp G, Palestrini C. Systematic review of the use of pheromones for treatment of undesirable behavior in cats and dogs. J Am Vet Med Assoc 2010; 236: 1308–1316

[7] Holden E, Calvo G, Collins M et al. Evaluation of facial expression in acute pain in cats. J Small Anim Pract 2014; 55: 615–621

[8] ITIS – Initiative tiermedizinische Schmerztherapie. Merkblatt: „Hat meine Katze Schmerzen?“ Hannover: Schlütersche Verlagsgesellschaft, 2013. Im Internet: https://www.schmerz-bei-tieren.de/sites/default/files/2017-01/merkblatt3-katze.pdf; letzter Zugriff: 08.09.2017

[9] Kronen P, Ludders J, Erb H et al. A synthetic fraction of feline facial pheromones calms but does not reduce struggling in cats before venous catheterization. Vet Anaesth Analg 2006; 33: 258–265

[10] Leyhausen P. Katzenseele – Wesen und Sozialverhalten. Stuttgart: Kosmos Verlag, 2005

[11] Merola I, Mills D. Behavioural signs of pain in cats: an expert consensus. PloS one 2016; 11 (2): e0150040. Im Internet: https://doi.org/10.1371/journal.pone.0150040; letzter Zugriff: 23.08.2017

[12] Pereira J, Fragoso S, Beck A et al. Improving the feline veterinary consultation: the usefulness of Feliway spray in reducing cats‘ stress. J Feline Med Surg 2016; 18: 959–964

[13] Rodan I, Sundahl E, Carney H et al., American Animal Hospital Association. AAFP and ISFM feline-friendly handling guidelines. J Feline Med Surg 2011; 13: 364–375. Im Internet: http://journals.sagepub.com/doi/pdf/10.1016/j.jfms.2011.03.012; letzter Zugriff: 17.08.2017

[14] Schär R. Die Hauskatze – Lebensweise und Ansprüche. Stuttgart: Ulmer Verlag, 2003

[15] Volk J, Felsted K, Thomas J et al. Executive summary of the Bayer veterinary care usage study. J Am Vet Med Assoc 2011; 238: 1275–1282

4 Kaninchen

Dorothea Döring

4.1 Allgemeines

Das Hauskaninchen (Oryctolagus cuniculus forma domestica) stammt vom Europäischen Wildkaninchen (Oryctolagus cuniculus) ab. Wildkaninchen leben in Familienverbänden, die sich zu großen Kolonien zusammenschließen, in selbstgegrabenen, unterirdischen Gangsystemen. Als kleines Beutetier haben Kaninchen Eigenschaften der Feindvermeidung entwickelt, denen in der tierfreundlichen Kleintierpraxis Rechnung getragen werden muss. Dazu gehören eine ausgeprägte Schreckhaftigkeit, Fluchtbereitschaft, Erstarren und auch Gegenwehr bei Bedrohung (S. 73). In der Praxis sollten mögliche Stressoren, die Flucht oder Abwehr auslösen könnten, unbedingt vermieden werden [14].

Kaninchen zeigen Schmerzen und Leiden nur sehr subtil. Ihre Körpersprache und Mimik sind nicht so differenziert und für den Menschen nicht so leicht zu deuten wie die bei Hund und Katze.

4.1.1 Körpersprache

Für den Besitzer und den behandelnden Tierarzt ist es wichtig, insbesondere Zeichen der Angst und Drohsignale zu erkennen.

Angstverhalten

- flaches Legen auf den Boden
  - mit angelegten Ohren
  - mit evtl. hervorgewölbten Augäpfeln
- Freezing (Erstarren)

Drohverhalten

- Ohren flach nach hinten angelegt
- erhobener Schwanz
- evtl. angespannte aufrechte Haltung mit flach angelegten Ohren und abgestrecktem Schwanz bei Auseinandersetzung mit Artgenossen

Drohlaute (S. 70) werden häufig kombiniert mit angelegten Ohren und erhobenem Schwanz [1].

Sonstiges Verhalten

- Schütteln des Kopfes/der Ohren/des Körpers zeigen Kaninchen bei einem unangenehmen Geruch oder um unerwünschtes Anfassen abzuwehren [1].

4.1.2 Vokalisation

Kaninchen geben – verglichen mit anderen kleinen Heimtieren, z. B. Meerschweinchen oder Chinchilla – nur sehr selten Lautäußerungen von sich.

Lautäußerungen bei Angst oder Schmerz

- Schreien: Bei Schmerz oder großer Angst können Kaninchen mit weit aufgerissenem Maul schrille, langgezogene Schreie ausstoßen [11].
- lautes Zähneknirschen: kann bei Abwehr oder bei Schmerz gezeigt werden [12]

Lautäußerungen als Drohung

Kaninchen können Drohlaute abgeben, wenn sie in Ruhe gelassen werden wollen [12]:
- Knurren
- Grunzen
- Fauchen

Geräusche bei positiver Gestimmtheit

- Mahlgeräusch („Schnurren"): Sind Kaninchen „zufrieden", reiben sie ihre Zähne aneinander und können so ein leises Mahlgeräusch verursachen [12].
- Clicken: Wenn ein besonders schmackhaftes Futter gefressen wird, machen Kaninchen manchmal leise Clickgeräusche [12].

▶ **Abb. 4.1** Rabbit Grimace Scale nach Keating et al. [10]. Zusammenfassende Darstellung der fünf Ausdrucksregionen (Augen, Wangen, Nasenform, Vibrissen, Ohren). (Zeichnung: Dr. Dorothea Döring, München. Quelle: Schneider B, Ketter D. Verhaltensmedizin bei Hund und Katze. Stuttgart: Schattauer, 2017; S. 40)

a Score = 0: Normalzustand.

b Score = 2: offensichtliche Veränderungen der Ausdrucksregionen, d. h. Augenlidschluss, Wangenabflachung, Nase V-förmig (statt U-förmig), horizontal gestreckte Vibrissen (statt kurvig nach unten geneigt), eingerollte, angelegte Ohren.

Erwecken von Aufmerksamkeit

- Quiekgeräusch (Oinking, Honking): Geräusch, das beim Werbeverhalten gezeigt wird, oder um Aufmerksamkeit bzw. Futter zu erhalten [1].

4.1.3 Erkennen von Schmerzen

Kaninchen zeigen selbst bei schmerzhaften Zuständen keine auffälligen Anzeichen [16]. Schmerzlaute kommen nur äußerst selten vor. Kaninchen müssen daher sehr eingehend beobachtet werden.

Kaninchen müssen immer mit Schmerzmitteln behandelt werden, wenn der Verdacht besteht, dass sie Schmerzen haben oder wenn schmerzhafte Eingriffe in der Tierarztpraxis erfolgen – auch wenn keine offensichtlichen Schmerzzeichen beim Tier erkennbar sind.

Erkennung von Schmerzen aufgrund der Mimik

Zur Erkennung und Bewertung von Schmerzen wurde der **Rabbit Grimace Scale** (**RbtGS**) entwickelt [10]. Der Normalzustand wird mit dem Score 0 bewertet, leichte Veränderungen mit 1 und offensichtliche Veränderungen mit 2 (▶ **Abb. 4.1**).

Es werden folgende Ausdrucksregionen beurteilt, die sich bei Schmerz verändern können:

- **Augen:** Die Augenlider werden bei Schmerz geschlossen, evtl. die Augäpfel eingezogen, d. h., sie treten nicht so stark hervor. Verdecken die Augenlider die Augäpfel um mehr als die Hälfte, wird dies mit Score 2 bewertet.
- **Wangen:** Die Muskeln um die Schnauze herum werden angespannt, sodass sich die Wangen abplatten. Der rund gewölbte Teil des vorderen Schnauzenbereiches verliert somit seine Rundung.
- **Nasenform:** Die Nasenlöcher werden vertikal gezogen, evtl. wird die Nasenspitze nach unten gezogen, sodass die Nase statt einer U-Form eher eine V-Form annimmt.
- **Position der Vibrissen:** Normalerweise machen die Vibrissen eine leichte Kurve nach unten. Bei Schmerzen werden sie entweder horizontal gestreckt oder nach hinten zu den Wangen gezogen.

- **Ohrposition:** Die Ohren werden bei Schmerzen eher nach hinten gelegt, näher an Rücken bzw. die Körperseiten genommen und werden eher eingefaltet/eingerollt (röhrenartig).

Körperliche Signale und Verhalten bei Schmerzen

Folgende Veränderungen am Tier können auf Schmerzen hindeuten [1], [8], [16]:

- Einstellen der Caecotrophie
- verringerte Futter- und Wasseraufnahme (Folge: Gewichtsverlust, Dehydratation)
- weniger oder gar kein Kotabsatz, kleinere Kotboli
- dagegen Polydipsie und Polyurie bei gastrointestinalem Schmerz
- schnelle, flache Atmung oder abdominale Atmung
- ungewöhnliche Körperhaltung: Hockhaltung oder Schonung eines schmerzenden Körperteils oder bei Bauchschmerzen gestrecktes seitliches Liegen
- halb geschlossene oder „matte" Augen, ungerichteter Blick
- Lichtempfindlichkeit (Rückzug in dunkle Ecke)
- Tränenfluss mit Hervortreten der Nickhaut
- angespannter Gesichtsausdruck
- Zähneknirschen
- Aggression eines sonst sanften Tieres
- durchdringende Schmerzlaute bei Berührung
- Ausreißen von Fell am eigenen Körper, Automutilation
- Zu- oder Abnahme des Körperpflegeverhaltens

Merke

Schmerzen und Leiden können sich bei Kaninchen in verminderter Futter- und Wasseraufnahme, fehlender Caecotrophie sowie in Teilnahmslosigkeit zeigen. Da die Tiere nur sehr subtile Zeichen für Leiden zeigen, müssen sie gut beobachtet werden. Eine regelmäßige Gewichtskontrolle ist dringend zu empfehlen.

Um es den Besitzern zu erleichtern, Schmerzen und Leiden bei ihren Tieren zu erkennen, können Sie ihnen das Merkblatt (S. 124) im Anhang mitgeben.

4.2 Vorbereitung auf den Tierarztbesuch

4.2.1 Augenmerk auf Besonderheiten

Leben in Gemeinschaft

Hauskaninchen sind – wie ihre wilden Vorfahren – obligat sozial. Das bedeutet, dass sie mit Artgenossen zusammen gehalten werden müssen. Ab der Geschlechtsreife sind unkastrierte Männchen unverträglich und sollten kastriert werden, um ihnen ein tiergerechtes Leben mit Artgenossen zu ermöglichen. Nach Morgenegg [15] ist die gemeinsame Haltung von drei bis fünf Kaninchen in einem Gemeinschaftsgehege empfehlenswert. Selbst kranke Kaninchen sollten nicht separiert werden, um den Tieren Stress durch Alleinsein und das Wiedereingliedern in die Gruppe zu ersparen – es sei denn, es ist für den Schutz des Tieres erforderlich [15]. Die Besitzer sollten daher darüber aufgeklärt werden, dass sie ein krankes Kaninchen möglichst mit seinem Partnertier bzw. der ganzen Gruppe [14] in die Praxis bringen.

Praxistipp

Kaninchen mit Partnertier in die Praxis bringen lassen

- Kaninchen sollten nicht allein, sondern mit ihrem vertrauten Partnertier(en) in die Tierarztpraxis gebracht werden.
- Kranke Tiere sollten grundsätzlich nicht von der Gruppe separiert werden. Muss ein Tier operiert (z. B. kastriert) werden, dann ist es gegebenenfalls durch ein Gitter zu schützen, bis es aus der Narkose erwacht ist.
- Wird ein Tier nach dem Tierarztbesuch oder einem operativen Eingriff zu Hause wieder zurück in seine Gruppe gesetzt, besteht die Gefahr, dass es aufgrund seines veränderten Geruches von den Partnertieren angegriffen wird. Die Besitzer sind über Vorsichtsmaßnahmen (S. 79) zur Wiedereingliederung zu informieren.

Duftkommunikation

Duftkommunikation spielt bei Kaninchen eine große Rolle. Kaninchen markieren ihre Umgebung u. a. mittels Sekret aus ihrer „Kinndrüse", mit Kot (wegen des anhaftenden Analdrüsensekretes) und

Urin. Sie fühlen sich in vertraut nach ihnen riechender Umgebung sicherer als in einer Umgebung mit fremden Gerüchen. Diese Düfte kann man sich in der Praxis zunutze machen.

Praxistipp

Benutzte Streu für einen vertrauten Geruch

- Die Kaninchenbesitzer sollten die Transportbox (S. 75) für die Kaninchen vertrauter gestalten, indem der eigene Geruch der Tiere genutzt wird.
- Tierärzte sollten ihre Hände mit benutzter Streu einreiben, bevor sie das Kaninchen anfassen, um einen vertrauenserweckenden Geruch zu schaffen.

Verhaltensweisen zu Schutz und Verteidigung

Kaninchen zeigen verschiedene Arten des Schutz- und Verteidigungsverhaltens. Wird ein Kaninchen im Nackenfell festgehalten, kann es mit den Hinterbeinen mit gespreizten Zehen nach oben schlagen und den Angreifer kratzen. Dieser „Befreiungsschlag" dient vermutlich der Abwehr eines Beutegreifers. Er ist nicht nur unangenehm für den Menschen, der das Kaninchen hochheben oder tragen möchte, sondern kann auch für das Tier gefährlich werden, da es zu Verletzungen an der Wirbelsäule oder an den Hinterläufen kommen kann. Beim Handling ist daher ein Fixieren des Beckengürtels essenziell.

Praxistipp

Vermeiden des „Befreiungsschlages"

- Wird ein Kaninchen hochgehoben oder festgehalten, müssen immer sein Becken bzw. seine Hinterbeine proximal fixiert werden, um zu verhindern, dass es einen „Beutegreifer-Befreiungsschlag" mit den Hinterläufen ausführt.
- Die Hinterbeine nicht an den „Füßen" fixieren, sondern proximal im Oberschenkel-Becken-Bereich.
- Ein Kaninchen sollte rückwärts, also mit dem Hinterteil voran, in seinen Käfig oder die Transportbox gesetzt werden.
- Ein Kaninchen darf nie ausschließlich am Nackenfell hochgehoben und getragen werden, das Gewicht muss immer mit der anderen Hand abgestützt werden.

Erschrecken vermeiden

Als stets fluchtbereite kleine Beutetiere sind Kaninchen in der Regel schreckhaft und neigen zu panikartiger Flucht. In der Praxis sind schreckauslösende Reize, auch Gerüche und Ultraschallgeräusche, zu vermeiden [14]. Folgende Empfehlungen sind zu beachten:

- Im Wartezimmer sollte es ruhige Bereiche für Kaninchen geben, wo die Transportbox erhöht abgestellt werden kann und wo die Tiere keinen Kontakt zu Hunden oder Katzen haben.
- Laute Geräusche und plötzliche Bewegungen sind unbedingt zu vermeiden.
- Fenster und Türen sind selbstverständlich zu schließen, bevor die Transportbox geöffnet wird.
- Das Kaninchen immer auf dem Behandlungstisch unter Kontrolle haben. Auch wenn es eben noch ruhig da saß, kann es plötzlich vom Tisch springen, wenn man sich kurz von dem Tier abwendet.
- Wenn möglich, entfernen Sie nur den Deckel der Transportbox und lassen das Kaninchen in der Unterwanne sitzen, während Sie es untersuchen oder behandeln.
- Wenn das Tier auf den Behandlungstisch gesetzt werden soll, dann am besten auf eine rutschfeste, angenehme Unterlage. Dazu kann man ein Handtuch oder eine Decke auf den Behandlungstisch legen. Diese sollte am besten vom Besitzer mitgebracht werden und vertraut riechen.
- Lassen sie ängstliche Tiere ihren Kopf in einem Unterschlupf oder unter einem Handtuch verstecken, damit sie sich sicherer fühlen.
- Um ein Kaninchen einzufangen, das in der Praxis entwischt, sollte man es nicht verfolgen und es auch nie von oben greifen, sondern in eine Röhre/Box laufen lassen und diese samt Kaninchen hochheben.

4.2.2 Hinweise an Besitzer

Folgende Aspekte stellen wichtige Beratungsaufgaben dar:

- Beratung von Züchtern und von zukünftigen Kaninchenbesitzern vor der Anschaffung eines Tieres hinsichtlich der Sozialisierung von Kaninchen

- Beratung bei Kaninchen jeden Alters zur „Zähmung“ und zur Gewöhnung an Handling
- Beratung zur konkreten Vorbereitung auf den Tierarztbesuch (S. 75)
- Beratung darüber, was nach dem Tierarztbesuch (S. 79) hinsichtlich der Gruppenverträglichkeit zu beachten ist

Sozialisierung auf den Menschen

Verschiedene Studien zeigen, dass ein frühes Handling von Kaninchen späteres Angstverhalten reduzieren kann. Werden Kaninchen in der 1. Lebenswoche innerhalb von 30 Minuten nach dem Säugen einem kurzen Handling unterzogen oder auch nur dem menschlichen Geruch ausgesetzt, reagieren sie in späteren Annäherungsversuchen signifikant „kontaktfreudiger“ als Tiere ohne Handling [2], [4], [5], [6]. Es kann somit Züchtern empfohlen werden, dass man kurz nach dem Säugen ein Kleidungsstück mit menschlichem Geruch für kurze Zeit in das Nest legt [3].

Außerdem kann empfohlen werden, junge Kaninchen behutsam durch freundlichen Kontakt an Menschen zu gewöhnen, wenn sie ihr Nest verlassen – insbesondere im Alter von 4–6 Wochen [12]. Zukünftige Kaninchenhalter sollten beim Kauf darauf achten, nur Kaninchen zu wählen, die an Menschen gewöhnt sind und daher den Kontakt mit ihnen genießen.

Das Absetzen junger Kaninchen sollte in der Heimtierhaltung erst mit zehn Wochen erfolgen [15]. Dabei sollte das Muttertier entfernt werden und die Jungtiere im vertrauten Käfig oder Gehege miteinander verbleiben.

Praxistipp

Beratung über Sozialisierung

Informieren Sie Züchter darüber, dass neugeborene Kaninchen innerhalb der 1. Lebenswoche sensitiv gegenüber dem menschlichen Geruch sind, jedoch nur innerhalb einer halben Stunde nach dem Säugen. Hier kann man mit getragener Kleidung eine Gewöhnung an den menschlichen Geruch vornehmen.
Nach dem Verlassen des Nestes sollten Jungtiere außerdem behutsam positiven Kontakt mit verschiedenen Menschen haben und an Handling und Hochheben gewöhnt werden.

Gewöhnungstraining zur „Zähmung“

Kaninchen sollten sich angstfrei von ihren Besitzern anfassen lassen, damit sie Maßnahmen zur Gesundheitskontrolle oder auch – wenn nötig – Fellpflegemaßnahmen (u. a. Fellschneiden bei Langhaarrassen) stressfrei tolerieren. Wöchentlich sollten die Tiere durch ihre Besitzer untersucht werden, insbesondere sollten Maulbereich und Analregion überprüft werden [15]. So können Probleme wie Durchfall, mangelnde Caecotrophie oder gegebenenfalls Fliegenmadenbefall rechtzeitig erkannt werden. Auch die Pfotensohlen sollten regelmäßig kontrolliert werden. Während des Fellwechsels empfiehlt Bays [1] regelmäßiges Bürsten. Bradbury u. Dickens [3] empfehlen Kaninchen nur hochzuheben, wenn es sich nicht vermeiden lässt, und Maßnahmen zur Gesundheitskontrolle möglichst auf Ebene des Bodens und in sitzender Position des Kaninchens vorzunehmen. Andererseits stellt sich immer wieder die Notwendigkeit, ein Kaninchen hochheben und fixieren zu müssen – zur Gesundheitskontrolle oder für Behandlungen. Daher ist es hilfreich, wenn Kaninchen daran gewöhnt werden, angefasst und hochgehoben zu werden.

Gewöhnung an das Hochheben

Da das Hochheben für die meisten Kaninchen mit Stress verbunden ist und zu Angstzeichen und Abwehrreaktionen führt [3], sollte es behutsam trainiert werden. In ▶ **Abb. 4.2** wird gezeigt, wie man ein Kaninchen in kleinen Schritten an das Umfassen und Hochheben gewöhnen kann. Dazu reicht man ihm begehrtes Futter, hier Löwenzahn, und umfasst das Tier während des Fressens leicht mit der einen Hand. Wenn das Kaninchen dieses Umfassen entspannt toleriert und weiterfrisst, kann nach einigen Übungen ein leichtes Hochheben des Vorderkörpers geübt werden etc. Man geht in so kleinen Schritten voran, dass das Kaninchen weder mit Zeichen der Verunsicherung noch mit Meideverhalten oder Gegenwehr reagiert.

Während des Trainings darf das Tier nicht überfordert oder geängstigt werden. Muss man es einfangen, solange es sich noch nicht angstfrei greifen lässt, sollte man es in ein Behältnis locken (z. B. Röhre, Box) und damit hochheben, um nicht den Trainingserfolg zu gefährden.

► **Abb. 4.2** Schrittweise Gewöhnung an das Hochheben. (Quelle: Stephan Vollmar, München.)
a Das Kaninchen wird sanft mit der linken Hand umfasst, während es mit Löwenzahn gefüttert wird.
b Im nächsten Trainingsschritt kann das Tier bereits am Vorderkörper leicht angehoben werden, während es weiter Löwenzahn frisst. Nach und nach wird das Anheben gesteigert.

Kinder dürfen Kaninchen weder hochheben noch tragen, da sie sie fallen lassen könnten. Sie dürfen sie auch nicht zum Schmusen zwingen.

Training mit scheuen Kaninchen

Zeigt ein Kaninchen ängstliches Verhalten oder Angstaggression gegenüber dem Besitzer, kann eine Desensibilisierung und (klassische) Gegenkonditionierung durchgeführt werden. Vorab sollte man die Hände mit benutzter Streu (oder auch Urin) der Tiere einreiben, sodass ein vertrauter Geruch entsteht. Zeigt das Kaninchen bereits bei der Annäherung des Besitzers Fluchtverhalten, setzt man sich erst einmal ruhig vor den Käfig oder in das Gehege und füttert das Tier (notfalls zuerst durch das Gitter) mit begehrtem Futter wie Löwenzahn oder Karottenstücken. Frisst es nicht aus der Hand, kann man das Futter in die Nähe des Tieres legen und erst einmal ruhig abwarten. Nach und nach kann dann der Abstand des Futters zum Menschen verringert werden. Schritt für Schritt wird das Kaninchen immer näher am Körper gefüttert, bis es aus der Hand frisst und schließlich auf dem Schoß oder neben dem Besitzer sitzt, um sein Futter zu fressen. Dabei ist zu beachten, dass das Kaninchen nicht bedrängt wird, sondern dass die Anwesenheit des Menschen immer nur mit positiven Empfindungen verbunden wird. Dazu gehört auch, dass ein Kaninchen nie zum Schmusen gezwungen wird, sondern nur gestreichelt wird, wenn es freiwillig kommt. Auch auf den Schoß sollte es nicht gezwungen, sondern immer nur gelockt werden (► **Abb. 4.3**).

► **Abb. 4.3** Diese Kaninchen kommen freiwillig auf den Schoß, da sie mit Grünfutter gelockt wurden. (Quelle: Stephan Vollmar, München.)

Praxistipp

Beratung zum Gewöhnungstraining

Kaninchenbesitzer sollten ihr Tier vorsichtig und in kleinen Schritten an das Hochheben gewöhnen. Scheue Tiere müssen besonders behutsam mittels Desensibilisierung und Gegenkonditionierung an den Umgang mit dem Menschen gewöhnt werden.

4.2.3 Vorbereitende Maßnahmen

Viele Kaninchen werden bereits durch den Transport zum Tierarzt in Stress versetzt. Diese Stressbelastung kann durch einige Maßnahmen verringert werden. Sie können Ihren Klienten ein entsprechendes Merkblatt (S. 122) mitgeben.

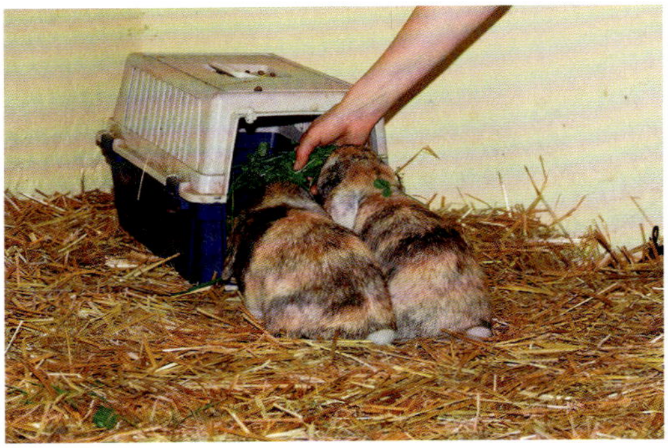

▶ **Abb. 4.4** Die Transportbox steht im Aufenthaltsbereich der Kaninchen. Mit begehrtem Futter kann der Aufenthalt in der Box angenehm gestaltet werden. Dies ist die beste Voraussetzung für das Transporttraining. (Quelle: Stephan Vollmar, München.)

Gewöhnung an die Transportbox

Als Transportbox eignen sich geräumige Plastikboxen, deren oberen Teil man komplett entfernen kann. Die Transportbox sollte zu Hause immer geöffnet im Aufenthaltsbereich der Kaninchen stehen und Heu sowie begehrtes Futter enthalten, sodass die Tiere daran gewöhnt sind, in sie hineinzugehen (▶ **Abb. 4.4**). Behutsam, Schritt für Schritt, kann man die Kaninchen dann daran gewöhnen, dass sie kurz darin eingesperrt und herumgetragen werden.

Weitere Empfehlungen

Zum Transport sollte in die Transportbox ein vertraut riechendes Handtuch oder eine Kaninchendecke sowie etwas benutzte Streu (kein Heu oder Stroh) gelegt werden, damit sich das Tier beim Transport und in der Tierarztpraxis wegen des vertrauten Geruches weniger ängstigt.

Kranke Kaninchen sollten nicht alleine, sondern gemeinsam mit ihren Partnertieren zum Tierarzt gebracht werden. Zum einen reduziert das den Stress des kranken Tieres, zum anderen vermeidet man, dass es nach der Heimkehr des behandelten Kaninchens zu Unverträglichkeitsreaktionen der zu Hause gebliebenen Tiere kommt.

Praxistipp
Was zum Tierarztbesuch mitgenommen werden sollte

- etwas benutze Streu und ein vertraut riechendes Handtuch (in der Transportbox)
- die Partnertiere des Patienten
- begehrtes Futter

4.3 Situationen in der Tierarztpraxis

4.3.1 Handling

Das Handling muss immer so sanft und sicher wie möglich erfolgen. Es empfiehlt sich, neue Handling-Methoden vorab an einem Stoffkaninchen oder an einem sehr zutraulichen Privattier zu üben.

Umgangsregeln

Im Umgang mit Kaninchen sind folgende Verhaltensweisen wichtig, um das Tier nicht zu erschrecken:

Praxistipp
Umgangsregeln

- langsame Annäherung an das Tier
- ruhige, sparsame Bewegungen
- freundliches, sanftes Ansprechen mit leiser Stimme
- nicht in die Augen starren
- nicht von oben über das Tier beugen
- nicht von oben nach dem Tier greifen

Insbesondere bei ängstlichen Tieren kann man sich neben den Behandlungstisch setzen, um sich nicht über das Kaninchen beugen zu müssen.

Umgang mit Gegenwehr

Auf Abwehrbewegungen oder aggressives Verhalten des Kaninchens darf man auf keinen Fall mit physischer Strafe oder Schimpfen reagieren. Denn dem aggressiven Verhalten liegt meist Angst zugrunde, die durch Strafen verstärkt wird. Freundliches und geduldiges Verhalten seitens des Menschen dient dagegen einem guten Vertrauensverhältnis zwischen Tier und Mensch.

Handling-Methoden

Grundregeln für das Hochheben und Festhalten

- kein Hochheben an den Ohren, auch nicht gemeinsam an Ohren und Nackenfell
- kein Hochheben ausschließlich am Nackenfell. Manche Autoren raten vom Halten und Fixieren im Nackenfell auch dann ab, wenn das Körpergewicht abgestützt wird, da es vermutlich Angst und vielleicht auch Schmerzen hervorruft [3].
- Hinterteil bzw. Hintergliedmaßen fixieren (proximal im Becken-Oberschenkel-Bereich, also nicht nur die Füße festhalten) zur Vermeidung von gefährlichen Abwehrbewegungen, die Verletzungen beim Kaninchen bis hin zu Knochenbrüchen und Wirbelsäulenschäden mit Querschnittslähmung [7] zur Folge haben können → „Beutegreifer-Befreiungsschlag (S. 73)“.
- Am besten sollten die Gliedmaßen des Kaninchens einen festen Halt bekommen (z. B. auf dem Arm oder dem Körper des Menschen) und man sollte vermeiden, den Bauch des Kaninchens anzufassen [3].

Verschiedene Handling-Methoden

- **Heben mit Brust-Hinterteil-Stütze:** Man kann das Kaninchen anheben, indem man mit der einen Hand das Hinterteil umgreift und mit der anderen Hand von unten den Brustbereich hinter den Vorderbeinen hält [1].
- **Halten mit unter dem Ellbogen verstecktem Kopf:** Man kann das Tier tragen oder festhalten, indem man es sanft an seinen Oberkörper drückt, wobei der Kopf des Kaninchens in der Ellbogenbeuge versteckt ist [1]. Ein Nachteil kann sein, dass die Vorderbeine des Kaninchens dabei keinen Halt finden [3].
- **Hochheben mit einer Hand und Fixierung des Hinterteils unter dem Ellbogen:** Rechtshänder können Kaninchen sanft und sicher mit der linken Hand hochheben und fixieren, sodass sie die rechte Hand zur Behandlung frei behalten. Dazu wird das Kaninchen von hinten sanft mit dem linken Arm umfasst, die linke Hand greift von unten an die Brust des Kaninchens und fixiert die beiden Vorderbeine (mit einem Finger getrennt voneinander). Dann zieht man das Tier sanft an seinen Körper und fixiert mit dem linken Ellbogen den Hüftbereich des Tieres [9] (▶ **Abb. 4.5**).

▶ **Abb. 4.5** Halten eines Kaninchens mit einem Arm. Das Becken des Tieres wird mit dem Ellbogen sanft fixiert. (Zeichnung: Dr. Dorothea Döring, München)

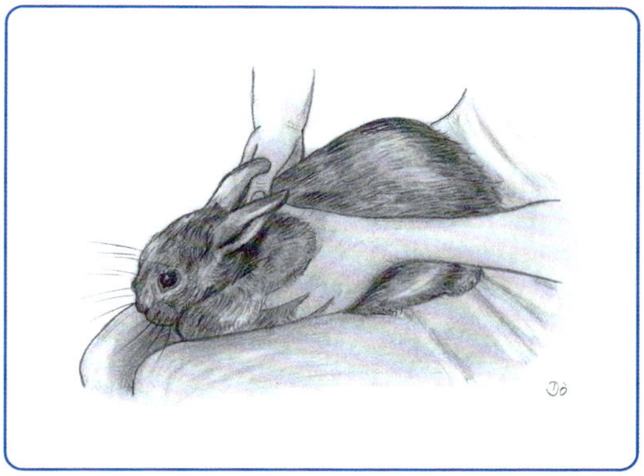

▶ **Abb. 4.6** Sanfte Schultergürtelfixierung beim Festhalten auf dem Schoß. (Zeichnung: Dr. Dorothea Döring, München)

- **Untersuchung des Kaninchens auf dem Schoß:** Wird das Kaninchen wie in ▶ **Abb. 4.6** von einer Hilfsperson oder dem Besitzer auf dem Schoß mit beiden Händen fixiert, hat es sicheren Halt und kann keine Abwehrbewegungen mit den Hintergliedmaßen ausführen. Die Hände umschließen sanft, aber sicher den Schulterbereich des Kaninchens.
- **„C-Position“:** Wenn man den Bauch oder die Perianalgegend des Kaninchens untersuchen, rektal die Temperatur messen oder die Krallen schneiden möchte, kann man das Kaninchen in

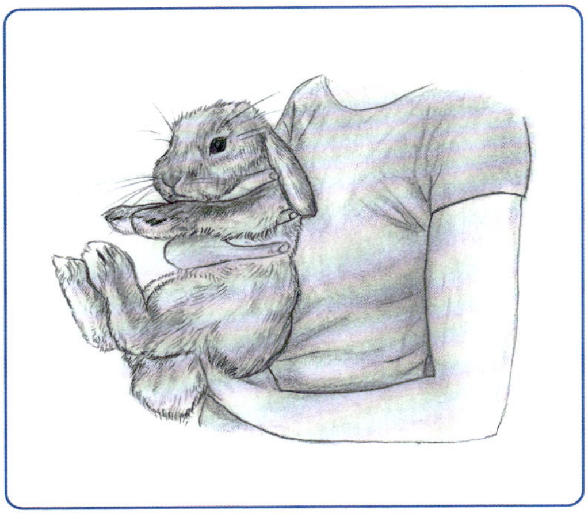

▶ **Abb. 4.7** Die „C-Position" ermöglicht das Untersuchen von Bauch und Analregion. (Zeichnung: Dr. Dorothea Döring, München)

der „C-Position" fixieren [1]: Dabei „sitzt" das Kaninchen auf der einen Hand, die andere umschließt den Vorderkörper unterhalb der Vorderbeine, und man drückt den Rücken des Kaninchens sanft an seinen Körper (▶ **Abb. 4.7**).

Vorsichtsmaßnahmen

- **Schutz vor Herunterfallen:** Strampelt das Kaninchen stark, sollte man versuchen, seine Augen abzudecken, und das Tier auf eine sichere Unterlage absetzen [1].
- **Schutz vor Überhitzung:** Werden Kaninchen länger auf dem Arm gehalten, z. B. für eine tierärztliche Untersuchung, und geraten sie dabei in Stress, kann es zu einer gefährlichen Überhitzung kommen [1]. Dies ist daran zu erkennen, dass das Kaninchen zu hecheln beginnt. Darauf muss sofort reagiert werden, indem das Kaninchen abgesetzt und der Raum gut belüftet wird.
- **Schutz der Atmung:** Da Kaninchen obligate Nasenatmer sind, mögen sie nicht an der Nase angefasst werden [1]. Man sollte daher immer darauf achten, dass man die Nase des Tieres nie mit der Hand überdeckt. Bei der Untersuchung der Maulhöhle muss man die Lippen so umfassen, dass die Nase frei bleibt. Der Kopf des Kaninchens darf nie überstreckt werden, da sonst die Atemwege verlegt werden können [1]. Am besten achtet man daher darauf, den Kopf des Kaninchens auch bei der Untersuchung und Behandlung von Maul und Zähnen in Normalposition zu belassen.

Merke

Handling in der Tierarztpraxis – wichtige Vorsichtsmaßnahmen

- **nie die Nase berühren oder mit der Hand bedecken**
- **nie den Kopf des Kaninchens (über-)strecken**
- **Überhitzung des Tieres vermeiden**

„Hypnose" ist nicht tiergerecht

Beim „Hypnose"-Trick wird das Kaninchen auf den Rücken gelegt, mit leicht gestreckten Hinterbeinen, und es wird sanft über den Bauch gestreichelt. Viele Kaninchen bleiben ohne Fixation evtl. mehrere Sekunden bis minutenlang liegen. Es wird vermutet, dass es sich dabei um eine Form des Freezings („Totstellens") handelt [12]. In Untersuchungen wurden bei Tieren während dieser „tonischen Immobilität" Stresssymptome nachgewiesen [13]. Es wird daher davon abgeraten, Kaninchen überhaupt in diese Position der Rückenlage zu bringen [3]. Schmerzhafte Eingriffe dürfen auf keinen Fall ohne Analgesie durchgeführt werden, da die Tiere in dieser Position schmerzempfindlich bleiben. Ihr Zustand hat nichts mit einer Hypnose zu tun!

4.3.2 Stationärer Aufenthalt

Muss ein Kaninchen in der Praxis oder Klinik stationär aufgenommen werden, sollte der Aufenthalt so angenehm wie möglich gestaltet werden:

- Haltung nicht auf Bodenniveau, sondern erhöht
- gemeinsame Haltung mit Partnertier(en)
- Bereitstellung von Unterschlupf und Versteckmöglichkeiten
- Bereitstellung eines eingestreuten Bereiches als „Kaninchentoilette"
- vertraut riechendes (Hand-)Tuch von Zuhause in die Haltung legen

4.4
Nach dem Tierarztbesuch

4.4.1 Vorsichtsmaßnahmen

Unverträglichkeitsreaktionen in der Gruppe

Wurde ein Kaninchen in der Tierarztpraxis untersucht und behandelt, geschoren oder operiert, kann es aufgrund der Abwesenheit von der Gruppe, aufgrund eines veränderten Geruches, Aussehens oder Verhaltens von den zu Hause gebliebenen Artgenossen angegriffen werden. In diesem Fall ist ein Wiedereingewöhnungstraining nötig. Es enthält folgende Elemente (s. Merkblatt (S. 120):

- Geruchsaustausch zwischen den Käfigen
- angenehme Erlebnisse in Anwesenheit der anderen Tiere (z. B. gemeinsames Füttern eines besonders begehrten Futters auf beiden Seiten des Trenngitters)
- Zusammensetzen der Tiere auf „neutralem Terrain“

Musste ein Kaninchen stationär in der Klinik aufgenommen werden, ist eine behutsame Wiedereingliederung besonders wichtig [1]. Um Probleme im Vorfeld zu vermeiden, kann man die Partnertiere mit in die Tierarztpraxis nehmen.

Praxistipp

Beratung der Besitzer zur Wiedereingliederung

Wird ein Kaninchen in der Praxis geschoren, operiert oder stationär aufgenommen, erhöht sich die Wahrscheinlichkeit, dass es nach der Heimkehr von seinen Gruppenmitgliedern angegriffen wird. Die Besitzer sollten über dieses Risiko aufgeklärt und über Möglichkeiten informiert werden, wie eine Wiedereingliederung erleichtert werden kann.

Literatur

[1] Bays TB. Rabbit Behavior. In: Bays TB, Lightfoot T, Mayer J, eds. Exotic Pet Behavior: Birds, Reptiles, and Small Mammals. St. Louis, Missouri: Saunders, Elsevier, 2006: 1–49

[2] Bilkó A, Altbäcker V. Regular handling early in the nursing period eliminates fear responses toward human beings in wild and domestic rabbits. Dev Psychobiol 2000; 36: 78–87

[3] Bradbury AG, Dickens GJE. Appropriate handling of pet rabbits: a literature review. J Small Anim Pract 2016; 57: 503–509. Im Internet: http://onlinelibrary.wiley.com/doi/10.1111/jsap.12549/pdf

[4] Csatadi K, Bilkó A, Altbäcker V. Specificity of early handling: Are rabbit pups able to distinguish between people? Appl Anim Behav Sci 2007; 107: 322–327

[5] Csatadi K, Kustos K, Eiben C et al. Even minimal human contact linked to nursing reduces fear responses toward humans in rabbits. Appl Anim Behav Sci 2005; 95: 123–128

[6] Ducs A, Bilkó A, Altbäcker V. Physical contact while handling is not necessary to reduce fearfulness in the rabbit. Appl Anim Behav Sci 2009; 121: 51–54

[7] Flecknell P. Restraint, anaesthesia and treatment of children‘s pets. In Pract 1983; 5: 85–95

[8] Gärtner K, Militzer K. Zur Bewertung von Schmerzen, Leiden und Schäden bei Versuchstieren. Schriftenreihe Versuchstierkunde, Heft 14. Berlin, Hamburg: Verlag Paul Parey, 1993

[9] Hein J. Umgang mit Heimtieren in der Praxis. Prakt Tierarzt 2010 (91); 10: 869–871

[10] Keating SCJ, Thomas AA, Flecknell PA et al. Evaluation of EMLA Cream for Preventing Pain during Tattooing of Rabbits: Changes in Physiological, Behavioural and Facial Expression Responses. PLOS one 2012, 7, issue 9. DOI: 10.1371/journal.pone.004 4437. Im Internet: http://www.plosone.org

[11] Kraft R. Vergleichende Verhaltensstudien an Wild- und Hauskaninchen. Das Verhaltensinventar von Wild- und Hauskaninchen. Z Tierzüchtg Züchtgsbiol 1978; 95: 140–162

[12] McBride A. Kaninchen verstehen. Ein Ratgeber für die artgerechte Haltung. Darmstadt: Pala-Verlag, 2008

[13] McBride EA, Day S, McAdie TM et al. Trancing rabbits: Relaxed hypnosis or a state of fear? In: Proceedings of the VDWE International Congress on Companion Animal Behaviour and Welfare. Flemish Veterinary Association 2006; 135–137. Im Internet: http://eprints.hud.ac.uk/id/eprint/11361/

[14] McBride EA. Small prey species‘ behaviour and welfare: implications for veterinary professionals. J Small Anim Pract 2017; 58, 423–436. Im Internet: http://onlinelibrary.wiley.com/doi/10.1111/jsap.12681/pdf

[15] Morgenegg R. Artgerechte Haltung – ein Grundrecht auch für (Zwerg-)Kaninchen. Bozen: tb-Verlag, 2005

[16] Weiß J, Maeß J, Nebendahl K (Hrsg.) Haus- und Versuchstierpflege. 2. Aufl. Stuttgart: Enke Verlag, 2003

5 Meerschweinchen

Barbara Schneider

5.1 Allgemeines

Meerschweinchen sind kleine Beutetiere, die nicht sehr wehrhaft sind. Auch wenn die domestizierten Meerschweinchen deutlich weniger stressanfällig sind als ihre wilden Verwandten [5], sind sie dennoch sehr empfindlich. Stress äußert sich bei diesen Tieren jedoch in der Regel eher subtil, und auch die Besitzer sind häufig nicht in der Lage Stress bei ihrem Tier sicher zu erkennen. Daher muss der behandelnde Tierarzt bzw. sein Praxisteam die Tiere aufmerksam beobachten, und den Besitzer gegebenenfalls aufklären.

Mit wenigen, einfachen Maßnahmen lässt sich der Stress für Meerschweinchen in einer Tierarztpraxis bereits deutlich reduzieren. Ein solides Grundwissen in Bezug auf das Normalverhalten und die Bedürfnisse eines Meerschweinchens sind daher die wichtigste Voraussetzung für eine tierfreundliche Behandlung.

5.1.1 Normalverhalten und Implikationen für die Tierarztpraxis

Im Folgenden werden die für die tierärztliche Praxis besonders relevanten Verhaltensweisen besprochen, sowie ihre Implikationen für das Handling in der Praxis oder den Klinikaufenthalt.

Sozialverhalten

Meerschweinchen sind **obligat soziale** Tiere. Dies bedeutet, dass sie zwingend mit Artgenossen zusammenleben müssen, um sich wirklich wohl zu fühlen. Als Besonderheit bei diesen Nagern kommt hinzu, dass sich sehr enge Bindungen zwischen einzelnen Individuen bilden können. Diese Bindungen sind so stark, dass die Anwesenheit des **„Bindungsmeerschweinchens“** einen großen Einfluss auf das Stressempfinden des anderen Tieres hat [4], [6]. Das Bindungstier sorgt dafür, dass Stress besser verarbeitet wird. Es ist seinem Partner eine regelrechte emotionale Stütze. Dieser sogenannte „Social Support“ sollte auch in der Tierarztpraxis berücksichtigt werden. Besitzern muss somit empfohlen werden, immer das Bindungsmeerschweinchen des eigentlichen Patienten ebenfalls mitzubringen. Bei weiblichen Meerschweinchen ist die Anwesenheit eines beliebigen, bekannten Tieres bereits äußerst hilfreich [4]. Dennoch sollten die Besitzer immer gebeten werden, den „besten Freund“ ihres zu behandelnden Meerschweinchens mitzubringen.

Praxistipp

Das Bindungstier des Patienten sollte bei jedem Tierarztbesuch, ganz besonders aber bei stationären Aufenthalten, mit anwesend sein. Dies hilft Stress zu reduzieren und beschleunigt die Erholung.

Als weitere Besonderheit bei den Meerschweinchen ist zu nennen, dass sie – im Gegensatz zu den meisten anderen sozial lebenden Nagetieren – kein gegenseitiges, soziales Putzen (Allogrooming) zeigen. Wann immer von einem gegenseitigen Putzen oder Beknabbern berichtet wird, ist zunächst von einem **abnormalen Verhalten** auszugehen. Die betreffenden Meerschweinchen sollten genauer untersucht werden.

Aufgrund des Fehlens von Allogrooming im normalen Verhaltensrepertoire von Meerschweinchen werden Berührungen wie Streicheln von diesen Nagern auch nicht als angenehm oder beruhigend empfunden.

Merke

Meerschweinchen empfinden Streicheln nicht als angenehm. Viele Meerschweinchen reagieren mit deutlichem Drohverhalten (Wegdrücken der Hand, Schnauzeheben etc.) auf Streicheln.

Verhalten gegenüber anderen Tierarten

Da kleine Meerschweinchen zu den eher wenig wehrhaften Beutetieren zählen, sind sie zwingend von Beutegreifern wie Katzen und Hunden zu trennen. Idealerweise geschieht dies bereits im Wartebereich, in dem ein eigenes Wartezimmer für kleine Heimtiere zur Verfügung steht.

Auch im stationären Bereich müssen Meerschweinchen von Hunden und Katzen getrennt untergebracht werden. Im besten Fall ist ein getrenntes Heimtierzimmer vorhanden.

Versteckbedürfnis

Als kleine, nicht besonders wehrhafte Beutetiere sind Meerschweinchen darauf angewiesen, sich bei Gefahr in Verstecke flüchten zu können. Nur wenn sie jederzeit Zugang zu einem Versteck haben, fühlen sich Meerschweinchen sicher. Dies zeigt sich u. a. auch an der ausgeprägten Thigmotaxis dieser Tiere, d. h., dass sie sich nicht gerne auf freien Flächen aufhalten, sondern vor allem in direkter Nähe von Strukturen wie Häuschen oder Wänden. Aus diesem Grund ist auch der Aufenthalt auf einem leeren Behandlungstisch für ein Meerschweinchen äußerst belastend.

> **Praxistipp**
> Meerschweinchen sollten auf dem Behandlungstisch Zugang zu einem Unterschlupf (Häuschen oder Transportbox) haben – besonders dann, wenn deutliches Stressverhalten erkennbar ist.

Gerüche

Wie bei allen anderen Nagetierarten spielt auch bei Meerschweinchen die geruchliche Kommunikation eine erhebliche Rolle. Es gibt einen Gruppengeruch, über den die Mitglieder der Gruppe erkannt werden. Zusätzlich markieren Meerschweinchen auch ihr Revier ausführlich mit Gerüchen (z. B. über Urin). In einer Umgebung, die nicht nach ihrer Gruppe und ihrem Revier riecht, sind Meerschweinchen daher in der Regel schnell gestresst. Aus diesem Grund müssen Tierbesitzer immer darum gebeten werden, benutzte Einstreu aus dem Heimatkäfig in der Transportbox mitzubringen. Dies beruhigt zum einen das Meerschweinchen während des Transports. Andererseits kann auch die Einstreu vom Praxisteam dazu genutzt werden, die Hände darin zu reiben, um den Geruch von Desinfektionslösung etc. zu übertönen, und so für das Meerschweinchen vertraut und angenehm zu riechen.

Ein bekanntes und beim Patienten beliebtes Häuschen gehört ebenfalls in die Transportbox.

Lärmempfindlichkeit

Meerschweinchen verfügen über ein feines Gehör. Im Allgemeinen reagieren sie deutlich stärker auf akustische Stimuli als andere kleine Heimtiere.

> **Merke**
> **Meerschweinchen erschrecken schnell bei plötzlichen oder lauten Geräuschen. Die Latenzzeit, bis sie nach einem solchen Erschrecken wieder Normalverhalten zeigen, ist häufig größer als bei den meisten anderen Nagerspezies.**

Im Bereich von 4–8 kHz liegt die größte Sensitivität des Meerschweinchengehörs. Dennoch können sie auch im Ultraschallbereich von bis zu 46 kHz hören [3].

Aufgrund der hohen Lärmempfindlichkeit muss in allen Bereichen der Tierarztpraxis bzw. Tierklinik darauf geachtet werden, den Lärmpegel auf ein Minimum zu reduzieren.

> **Praxistipp**
> **Reduzierung des Geräuschpegels**
> **Im Wartebereich**
> - getrennte Unterbringung von bellenden Hunden etc. (z. B. durch ein getrenntes Wartezimmer für Heimtiere oder durch das Absondern des bellenden Hundes oder des Meerschweinchenpatienten in einem anderen Bereich, wie z. B. einem aktuell nicht genutzten Sprechzimmer)
>
> **Im stationären Bereich**
> - Unterbringung nach Möglichkeit getrennt von Hunden und Katzen
> - Unterbringung im ruhigsten Praxisraum

5.1.2 Körpersprache

Für einen Tierarzt ist es besonders wichtig zu erkennen, wann ein Meerschweinchen gestresst ist. Dies lässt sich bei sorgfältiger Beobachtung der Körpersprache in der Regel gut feststellen.

Angstverhalten

- Gestresste Meerschweinchen **pressen sich flach auf den Boden**, vor allem wenn sie keine Versteckmöglichkeit haben.
- Thigmotaxis (Versteckbedürfnis)
- ausgeprägte Mydriasis (evtl. aufgrund der dunklen Augenfarbe nicht/nur schwer wahrnehmbar)
- hervortretende Augen (aufgrund von erhöhtem Blutdruck). Wird dies beobachtet, müssen umgehend stressreduzierende Maßnahmen eingeleitet werden.
- steife, erstarrte Körperhaltung, das sogenannte „**Freezing**" (▶ Abb. 5.1). Beim Freezing handelt es sich um eine tiefe, reversible motorische Hemmung; Meerschweinchen zeigen es vor allem, wenn sie Kontakt mit einem Beutegreifer haben. In der Tierarztpraxis ist dieser „Beutegreifer" in der Regel der Tierarzt bzw. der Assistent. Typischerweise erstarren Meerschweinchen mit einem leicht erhobenen Kopf, hervortretenden Augen und eingezogenen Beinen, während sie sich an einen Gegenstand drücken [1]. Manchmal können sich Meerschweinchen dabei auch auf den Rücken rollen und reglos liegen bleiben [1].
- „Haaren" bzw. der Verlust von Haaren (▶ **Abb. 5.1**).

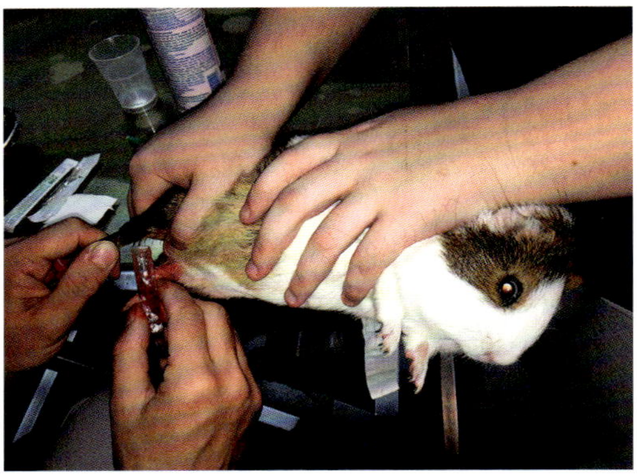

▶ **Abb. 5.1** Deutliche Stressanzeichen bei einem Meerschweinchen während der Blutentnahme. Beachte die Mydriasis, den Haarverlust und die durch das „Freezing" bedingte steife Körperhaltung. (Quelle: Dr. Ilona Backofen, Dietenheim.)

Drohverhalten

- Schnauzeheben
- Wetzen der Schneidezähne
- Aufreißen des Maules
- (gegen den Gegner) gerichtetes Gähnen
- steifes Treteln mit den Hinterbeinen
- „Blitzen" (Hervordrücken der Hoden) bei männlichen Tieren

Praxistipp

Wird während der Untersuchung oder Behandlung Drohverhalten vom Meerschweinchenpatienten gezeigt, dann muss umgehend dafür gesorgt werden, dass die Situation für den Patienten weniger belastend ist. Dies kann beispielsweise durch eine Pause im Versteck, durch besseres Handling (S. 85) oder sanftere Sprache geschehen.

Abwehrverhalten

- Ausschlagen
- Urnieren (bei weiblichen Tieren häufiger gezeigt als bei männlichen Tieren)
- Fell gesträubt (bei langhaarigen Rassen, wie z. B. dem Peruanermeerschweinchen jedoch nicht immer erkennbar)

Alarmhaltung

- gestreckter Körper mit nach vorne gerichtetem Kopf [1]. Dabei macht sich das Meerschweinchen zur Flucht bereit.

Praxistipp

Wenn ein Meerschweinchen Alarmhaltung zeigt, so muss damit gerechnet werden, dass es plötzliche, hektische Fluchtversuche unternimmt. Dabei kann es sich verletzen. Es muss also sanft festgehalten werden bzw. nach Möglichkeit die Gelegenheit bekommen, sich in einen Unterschlupf zurückzuziehen.

5.1.3 Vokalisation

Im Folgenden werden einige für den Tierarzt wichtige Laute vorgestellt. Beachten Sie bitte, dass die Liste bei weitem nicht vollständig ist.

Geräusche bei positiver Grundstimmung

- Meerschweinchen drücken Zufriedenheit durch ein leises, gurgelndes Geräusch aus. Bei dieser Vokalisation ist die Körperhaltung entspannt.

Geräusche bei Angst

- Der Angst- oder Warnruf ist ein hoher, lauter Ruf. Er klingt ähnlich wie das Quietschen des Futterrufes, ist in der Regel aber schriller.

Geräusche bei Drohung

- Zähnewetzen
- Zähneklappern
- Quietschen
- Kreischen
- Zischen

Sonstige Lautäußerungen

- Im Zusammenhang mit Auseinandersetzungen kann auch das Gurren gezeigt werden. Dabei handelt sich um ein leises, knatterndes Brummen. Mit diesem Laut sollen andere Tiere beruhigt und auch auf Abstand gehalten werden.
- Mit dem Positionslaut, einem leise auf und ab schwellenden, purrenden Quietschen, bleiben Meerschweinchen in Stimmfühlung. Dieser Laut wird vor allem dann ausgestoßen, wenn kein Sichtkontakt zu den restlichen Gruppenmitgliedern besteht.

5.1.4 Erkennen von Schmerzen

Schmerzen sind bei Meerschweinchen in der Regel nur schwer erkennbar. Als kleine Beutetiere versuchen sie, Unwohlsein zu verbergen. Selbst wenn Meerschweinchen verändertes Verhalten zeigen, ist es oft schwierig herauszufinden, ob die Ursache dafür Stress oder Schmerzen sind. Große individuelle Unterschiede in der Reaktion auf Schmerzen und Stress erschweren das Erkennen von Schmerzen zudem.

In einer Studie von Ellen et al. [2] konnten vor allem in der Körperhaltung Unterschiede zwischen Meerschweinchen mit und ohne Schmerzen festgestellt werden. Bei Schmerzen legten sich die Tiere mit unter den Körper eingezogenen Beinen hin. Manche Tiere zeigten auch eine abnormale Beinposition, bei der ein Hinterbein abgespreizt oder nach hinten ausgestreckt war [2]. Aber auch bei diesem, aus Sicht der Autoren eindeutigsten und konsistentesten Anzeichen für Schmerzen gab es große individuelle Unterschiede, u. a. in der Latenzzeit, bis das Verhalten gezeigt wurde.

Zu beachten bei der Dosierung von Schmerzmitteln bei Meerschweinchen ist laut Ellen et al. [2], dass angegebene Dosierungen immer auf klinischen Erfahrungen basieren, da systematische Studien zur analgetischen Wirkung von Schmerzmitteln bei Meerschweinchen fehlen. Aus diesen Gründen muss sich der behandelnde Tierarzt auch immer zusätzlich auf eine Analyse des Verhaltens berufen, wenn Schmerzen bestimmt werden sollen.

Mögliche Anzeichen für Schmerzen bei Meerschweinchen

Folgende Veränderungen am Tier können auf Schmerzen hindeuten [1], [2]

- Liegen mit unter den Körper eingezogenen Beinen
- abnormale Beinposition im Liegen (ein Hinterbein abgespreizt oder nach hinten ausgestreckt)
- Anorexie
- Absetzen von weniger oder kleinen Kotboli
- fehlender Kotabsatz
- Polydipsie (v. a. bei gastrointestinalem Schmerz)
- erniedrigte Körpertemperatur
- sich kühl anfühlende Ohren und Gliedmaßen
- Schonhaltung einer betroffenen Stelle nach deren Palpation
- Quietschen bei Palpation einer betroffenen Stelle
- flache, schnelle Atmung
- Beknabbern einer betroffenen Stelle (evtl. mit Alopezie einhergehend)
- vorgestreckter Kopf

- angestrengter Gesichtsausdruck mit hervortretenden Augen
- leerer, unfokussierter Blick und/oder halbgeschlossene Augen
- Abdomen wird auf den Boden gedrückt
- Immobilität
- Lethargie, mangelnde Abwehr beim Handling
- blasse Schleimhäute
- Aggression bei normalerweise freundlichem Tier

Verhalten, das auf Zahnprobleme oder Probleme in der Maulhöhle hinweist

Folgende Veränderungen am Tier können auf Zahnprobleme oder Probleme in der Maulhöhle hindeuten [1]

- Dysphagie oder Anorexie
- Gewichtsverlust
- Hypersalivation
- periorale Dermatitis/Dermatitis in Kinn- und Halsregion
- mangelndes Selbst-Putzen, Flecken auf den Vordergliedmaßen
- Bepföteln des Maules
- Zähneknirschen
- verlangsamtes Fressen
- überwiegend einseitiges Kauen
- Polydipsie
- Aufnehmen und Fallenlassen von Futter, ohne es zu fressen
- Vermeidung bevorzugter Nahrung

5.2 Vorbereitung auf den Tierarztbesuch

Auch Meerschweinchen können und sollten an die Transportbox gewöhnt werden, vor allem dann, wenn regelmäßige Tierarztbesuche (z. B. zum Zähnekürzen aufgrund einer Zahnfehlstellung) notwendig sind. Diese Gewöhnung wird in ähnlicher Weise durchgeführt wie bei der Katze (S. 118) beschrieben. Zum einen kann die Transportbox (oder nur der Deckel davon) als Unterschlupf in Käfig oder Auslauf verwendet werden. Zum anderen kann aber auch jeder Freilauf damit beginnen, dass die Meerschweinchen in die Transportbox gesetzt und zum Auslaufort getragen werden. Bei beiden Varianten machen die Tiere positive Verknüpfungen mit der Transportbox.

Darüber hinaus müssen die Besitzer dazu angehalten werden, eine ausreichend große Transportbox zu verwenden, und diese mit Unterschlupf (in dem alle mitgebrachten Meerschweinchen gleichzeitig bequem Platz finden) und benutzter Einstreu auszustatten. Der Unterschlupf sollte nicht zu schwer sein (kein massives Holz), um die Verletzungsgefahr zu verringern. Die Einstreu bietet einen vertrauten Geruch und kann vom Praxispersonal zum Einreiben der Hände verwendet werden.

Praxistipp

Was zum Tierarztbesuch mitgenommen werden sollte

- etwas benutzte Streu und ein vertraut riechendes Handtuch (in der Transportbox)
- das Bindungstier des Patienten
- ein bekanntes und beliebtes, leichtes Häuschen
- besonders begehrtes Futter

5.3 Situationen in der Tierarztpraxis

Im Wartebereich müssen Meerschweinchen immer in einer erhöhten Position abgestellt werden. Dies kommt dem Sicherheitsbedürfnis der kleinen Nager entgegen, die sich bei Bewegungen von oben sehr erschrecken können. Einfache Schilder im Wartezimmer können die Besitzer ebenso darauf hinweisen, wie die Praxismitarbeiter am Empfang.

Praxistipp

Meerschweinchenbesitzer müssen dazu angehalten werden, ihre Tiere beispielsweise auf ihrem Schoß, einem Stuhl oder einem Raumteiler-Regal abzustellen.

Eine Bedeckung der Transportbox mit einem Handtuch als Sichtschutz kann ebenfalls sehr hilfreich sein und dem Meerschweinchen eine größere Sicherheit vermitteln.

Merke
Grundsätzlich gilt: Sobald notwendige Untersuchungen beendet sind, müssen Meerschweinchen umgehend die Gelegenheit haben, sich an einen sicheren Ort zurückzuziehen und zu erholen.

5.3.1 Handling

Umgangsregeln

Eine wichtige Voraussetzung für ein tierfreundliches Handling von Meerschweinchen ist, dass auf die Lärmempfindlichkeit und Schreckhaftigkeit der Nager Rücksicht genommen wird. Aus diesem Grund muss die Stimmlage des Praxispersonals während der Untersuchung und Behandlung leise und ruhig sein. Sämtliche Bewegungen müssen sanft und möglichst langsam ausgeführt werden; dabei sollte man ruckartige oder von oben kommende Bewegungen unbedingt vermeiden. Zu diesem Zweck müssen beispielweise alle evtl. benötigten Utensilien bereits vor der Untersuchung in Reichweite liegen.

Wenn möglich, sollten dem Meerschweinchen kleine Stückchen eines beliebten Saftfutters angeboten werden. Auch wenn das betreffende Tier die Leckerlis zunächst ablehnt, sollten sie weiterhin zur Verfügung stehen, da das Kauen einen beruhigenden Effekt hat.

Handling-Methoden

Wie alle Nagetiere, sollten Meerschweinchen immer mit zwei Händen hochgehoben werden. Eine Hand sollte dabei den Schultergürtel sanft aber sicher umfassen. Es ist darauf zu achten, den Brustkorb nicht zu quetschen. Die zweite Hand muss den Beckenbereich und die Hinterfüße stützen. Ein solcher Griff mit zwei Händen ist für ein eher schweres Heimtier wie das Meerschweinchen nicht nur angenehmer, sondern vermittelt ihm durch die bessere Stütze auch mehr Sicherheit. Bei einer oralen Medikamentengabe oder bei der Untersuchung der Mundhöhle ohne Hilfsperson kann das Meerschweinchen auch einhändig am Schultergürtel fixiert und angehoben werden. Der Rumpf des Untersuchers stützt dabei den Rücken des Meerschweinchens, wenn nötig. Die Hinterbeine müssen dabei allerdings auf einer festen, rutschsicheren Unterlage ruhen.

In der sogenannten „**C-Position**“ kann das Tier in der Regel gut und stressarm fixiert werden. Hierbei wird das Meerschweinchen mit zwei Händen so gehalten, dass die Position der Wirbelsäule an den Buchstaben „C“ erinnert. Der Körper des Handlers dient dabei als Stütze für den Rücken und verleiht dem Tier Sicherheit. Wenn nötig, kann er mit seiner zweiten Hand den Kopf des Meerschweinchens zusätzlich sanft am Kiefer fixieren.

Nach jedem Hochheben sollte Meerschweinchen ein Augenblick Zeit gelassen werden, sich an die neue Position zu gewöhnen, bevor mit weiteren Manipulationen fortgefahren wird [7].

Praxistipp
Zusammenfassung der wichtigsten Handling-Empfehlungen

- vor dem Anfassen die Hände mit (vom Patienten) benutzter Einstreu einreiben
- ruhige, sanfte Bewegungen (niemals hektisch oder von oben)
- Lärm reduzieren und mit ruhiger, leiser Stimmlage sprechen
- Hochheben und Fixieren immer mit zwei Händen (Schultergürtel und Becken)
- Am besten werden Meerschweinchen am Schultergürtel gefasst und unter dem Becken mit der zweiten Hand gestützt. Die orale Eingabe von Medikamenten kann unter Umständen auch einhändig erfolgen, wenn das Meerschweinchen am Schultergürtel sanft fixiert und hochgehoben wird, während die Hinterbeine auf einer rutschfesten Unterlage stehen.

5.3.2 Stationärer Aufenthalt

Das Praxisteam muss sich darüber im Klaren sein, dass Meerschweinchen sehr anfällig für Stress sind und oft Veränderungen in ihrer Umgebung nicht gut akzeptieren [1]. Sie stellen bei Stress häufig die Futteraufnahme ein und verlieren rapide an

Gewicht. Im Krankheitsfall sind Meerschweinchen noch stressanfälliger. Aus diesem Grund muss der stationäre Bereich für die Meerschweinchen so angenehm wie möglich gestaltet werden.

Im stationären Bereich müssen Meerschweinchen getrennt von Beutegreifern wie Hunden oder Katzen untergebracht werden, um Stress zu reduzieren. Ein komplett getrenntes Heimtierzimmer ist in der Regel auch ruhiger als eine Station, in der auch Hunde untergebracht sind.

Praxistipp

- Mit Rücksichtnahme auf ihre Stress- und Lärmempfindlichkeit müssen Meerschweinchen in einem besonders ruhigen Bereich untergebracht werden – getrennt von Hunden und Katzen.
- Zur Einrichtung des stationären Käfigs muss der Besitzer von zu Hause bekannte Unterschlüpfe mitbringen. Zudem muss auch, wenn nur irgend möglich, das Bindungsmeerschweinchen mit stationär aufgenommen werden, um dem Patienten eine emotionale Stütze zu sein. Die Anwesenheit eines Bindungspartners beschleunigt auch die Erholung nach einer Operation, indem sie Stress reduziert.

Merke

Ein behandeltes Meerschweinchen sollte sobald wie möglich (z. B. nachdem der Patient steht und postoperativ Nahrung zu sich nimmt) wieder mit seinem Bindungsmeerschweinchen zusammengesetzt werden [1].

Da kranke Tiere auch häufig negativ auf Handling reagieren, sollte jegliches Handling auf das Nötigste reduziert bleiben, vor allem wenn der Patient verängstigt, nervös oder krank ist [1].

5.4 Nach dem Tierarztbesuch

Sollte ein Meerschweinchen ohne seine(n) Partner zu einem Tierarztbesuch gebracht worden sein, muss der Besitzer dazu angehalten werden, die Tiere nur unter Aufsicht wieder zusammen zu lassen. Gerade dann, wenn auch keine benutzte Einstreu im Transportkäfig war, können Probleme aufgrund eines veränderten Eigengeruchs entstehen. Der Besitzer muss die Zusammenführung genau beobachten und sollte die Tiere sofort trennen, wenn es zu Aggression kommt. In einem solchen Fall ist ein ausführliches Gewöhnungstraining (S. 120) notwendig.

Zusammenfassung

- Meerschweinchen sind obligat sozial und gehen enge Bindungen ein. Die Anwesenheit des Bindungstieres wirkt stressreduzierend.
- Da sie kein soziales Putzen kennen, empfinden Meerschweinchen ein Streicheln auch nicht als angenehm.
- Das Droh- und Abwehrverhalten von Meerschweinchen umfasst u. a. Ausschlagen, Schnauzeheben, Kreischen, Quietschen, Abwehrharnen, gerichtetes Gähnen, Treteln und Beißen.
- In der Tierarztpraxis sollten Meerschweinchen jederzeit getrennt von Hunden und Katzen sowie zudem in erhöhter Position untergebracht sein.
- Meerschweinchen sind wenig wehrhaft und fühlen sich daher nur in Verstecken sicher. In Wartezimmer, Behandlungsraum und stationärem Bereich sollten daher Unterschlüpfe zur Verfügung stehen.
- Meerschweinchen fühlen sich wohler in einer Umgebung, die vertraut riecht. Daher muss im Transportkäfig, aber auch im Käfig bei stationärem Aufenthalt benutzte Einstreu aus dem Heimatkäfig verwendet werden, sowie bekannte Häuschen.
- Laute Geräusche sind immer auf ein Minimum zu reduzieren, mit Rücksicht auf die Lärmempfindlichkeit der Tiere.
- Bei Stress können Meerschweinchen u. a. Freezing, hektische Flucht oder die Alarmhaltung zeigen.
- Schmerz wird in der Regel nur subtil gezeigt. Zudem sind die Anzeichen für Schmerzen individuell verschieden. Auffällige Verhaltensänderungen, Immobilität oder Lecken der betroffenen Stelle sind Beispiele für deutliche Schmerzzeichen.
- Meerschweinchen können ebenfalls an die Transportbox gewöhnt werden.
- Meerschweinchen müssen immer mit zwei Händen hochgehoben werden.

Literatur

[1] Bays TB. Guinea Pig Behavior. In: Bays TB, Lightfoot T, Mayer J, eds. Exotic Pet Behavior: Birds, Reptiles, and Small Mammals. St. Louis, Missouri: Saunders, Elsevier, 2006

[2] Ellen Y, Flecknell P, Leach M. Evaluation of using behavioural changes to assess post-operative pain in the guinea pig (cavia porcellus). PloS one 2016; 11.9: e016 1941

[3] Heffner R, Heffner H, Masterson B. Behavioral measurements of absolute and frequency difference thresholds in guinea pig. J Acoust Soc Am 1971; 94: 1888–1895

[4] Kaiser S, Kirtzeck M, Hornschuh G et al. Sex-specific difference in social support – a study in female guinea pigs. Physiol Behav 2003; 79, 297–303

[5] Künzl C, Sachser N. Auswirkungen der Domestikation auf Verhalten und endokrine Anpassungsreaktionen beim Meerschweinchen. Arch Tierz Dummerstorf 2000; 43: 153–158

[6] Sachser N, Dürschlag M, Hirzel D. Social relationships and the management of stress. Psychoneuroendocrinology 1998; 23: 891–904

[7] YeunShin L. Guines Pigs. In: Tynes V, ed. Behavior of Exotic Pets. Chichester: Wiley-Blackwell, 2010: 78–90

6 Goldhamster

Dorothea Döring

6.1 Allgemeines

Der Goldhamster stammt von der Wildform Mesocricetus auratus aus Syrien ab. Goldhamster zeichnen sich durch Nachtaktivität aus und leben in unterirdischen Gangsystemen. Aufgrund ihrer solitären Lebensweise gibt es kaum soziopositive Verhaltensweisen.

6.1.1 Körpersprache

Angstverhalten

Wie alle Kleinsäuger zeigen auch Goldhamster bei Erschrecken Zusammenzucken, Flucht oder Freezing. Sie neigen aber auch besonders zu aggressiver Gegenwehr.

Drohverhalten

- Rückenlage mit aufgeblasenen Backentaschen
- aufrechtes Stehen („Männchen machen") mit Entblößen der Zähne und Heben der Pfoten mit nach vorne weisenden Pfoteninnenflächen

Demutsgeste

- bei Konflikt mit Artgenossen: Hochdrücken des Rückens und Hochstellen des Schwänzchens sowie steifer, stelzender Gang [1]

Zeichen für Entspannung

Sich Putzen, sich Strecken und Gähnen können Zeichen der Entspannung sein. Hektisches Putzen kann jedoch auch als Übersprungsverhalten bei Stress gezeigt werden.

6.1.2 Vokalisation

Goldhamster geben Laute im menschlichen Hörbereich, aber auch im Ultraschallbereich von sich.

Hörbare Angstlaute

- Quieken
- Schreien

Hörbare Abwehr- und Drohlaute

- Knurren
- Fauchen
- Zähnewetzen

Ultraschallkommunikation

- während der Paarungszeit Ultraschall-Kontaktrufe beider Geschlechter
- Ultraschallruf der Jungtiere nach ihrer Mutter

6.1.3 Erkennen von Schmerzen

Wie alle kleinen Beutetiere zeigen auch Goldhamster Schmerzen und Leiden nur sehr unauffällig und müssen daher gut beobachtet werden.

Körperliche Signale und Verhalten bei Schmerzen

Folgende Veränderungen am Tier können auf Schmerzen hindeuten [3]:

- Körperhaltung und Bewegung: zusammengerollte Lage, zögernde/verminderte Bewegungen bei Erkrankung der Bauchorgane, gestelzter Gang evtl. bei Schmerzen im Bauchraum, Gangbild verändert bei Schmerzen am Bewegungsapparat
- Augen: Schwellungen, Verklebungen durch Exsudat, Konjunktivitis
- Anus/Schwanz: „nasser Schwanz" („Wet Tail") aufgrund von Diarrhö, verschmutzte Perinealregion
- Schwellungen oder Ulzera an Lippen oder Pfoten
- Verhalten: gesteigerte Aggressivität (zunehmend aggressive Reaktionen bei Berührung), reduziertes Verhalten trotz deutlicher Außenreize

(apathisch, „depressiv"), „Trägheit" bei Berührung, Explorationsverhalten reduziert
- stark veränderte Schlafzeiten
- Lautäußerungen: Quieken oder Zähnewetzen bei Annäherung (kommt aber auch bei gesunden Tieren vor)
- Atmung: Frequenz erhöht, evtl. starke Atembewegungen
- Sinken der Körpertemperatur
- Gewichtsabnahme

6.2 Vorbereitung auf den Tierarztbesuch

6.2.1 Augenmerk auf Besonderheiten

Aktivitätszeit

Goldhamster sind streng nachtaktiv. Sie dürfen keinesfalls tagsüber geweckt werden. Gattermann u. Weinandy [4] zeigten in einer Studie, dass Goldhamster eine sehr viel stärkere Stressreaktion zeigen, wenn ein Stressor tagsüber, d. h. während der Ruhezeit, erfolgt. Goldhamster sind außerdem sehr lichtempfindlich.

Praxistipp

Tageszeit und Licht

- Bestellen Sie Hamsterbesitzer erst am späten Nachmittag bzw. möglichst erst am Abend in Ihre Praxis.
- Dimmen Sie das Licht, bevor Sie den Hamster aus der Transportbox nehmen.

Orientierung durch Geruch

Goldhamster orientieren sich in ihrer Umgebung vor allem geruchlich und markieren Gegenstände in ihrem Revier. Dieser Reviergeruch gibt ihnen Sicherheit. Um einen vertrauenserweckenden Geruch an den Händen zu erreichen, sollte man diese mit benutzter Streu des Hamsters (d. h. mit dessen Uringeruch) einreiben [6].

Praxistipp

Schaffen eines vertrauten Geruches

- Die Besitzer sollten benutzte Streu und benutztes Nestmaterial des Hamsters mit in die Transportbox geben, damit er von seinem vertrauten Geruch umgeben ist.
- Reiben Sie sich die Hände mit der benutzten Streu ein, bevor Sie den Hamster anfassen. Am besten lassen Sie sich (urinhaltige) Streu in einer separaten Dose oder Tüte mitbringen, sodass Sie sich bereits die Hände einreiben können, bevor Sie die Transportbox öffnen.

Rückzugsorte

Wilde Goldhamster leben in unterirdischen Bauten, in denen es dunkel und lärmgeschützt ist. Für Goldhamster sind somit geschützte und ungestörte Schlaf- und Rückzugsplätze essenziell.

Praxistipp

Verstecken ermöglichen

- Breiten Sie über den Hamster, zumindest über seinen Kopf, ein Tuch.
- Untersuchen Sie ihn in der Unterwanne der Transportbox.
- Entwischt der Hamster in der Praxis, sollte er mithilfe einer Plastikbox oder Röhre eingefangen werden, d. h. man lässt ihn hineinlaufen und hebt ihn damit hoch.

Erschrecken vermeiden

Hamster sind sehr schreckhaft und werden durch Geräusche und fremde Gerüche in Stress versetzt.

Praxistipp

Schutz vor Erschrecken

- Schaffen Sie ruhige, geschützte, von Hund und Katze getrennte, nicht zu grell erleuchtete Wartebereiche.
- Bieten Sie in der Praxis erhöhte Flächen zum Abstellen der Transportboxen und Käfige an.
- Halten Sie Tücher bereit, mit denen ein Käfig abgedeckt werden kann, falls der Besitzer keine Abdeckung mitgebracht hat.

6.2.2 Hinweise an Besitzer

Zu den Themen, zu denen Hamsterbesitzer beraten werden sollten, zählt die „Zähmung" scheuer Tiere sowie die Vorbereitung der Hamster (S. 90) auf den Tierarztbesuch. Zur Sozialisierung von Goldhamstern ist bisher nichts bekannt. Dennoch kann versucht werden, Jungtiere bereits an den Geruch von und den Umgang mit Menschen zu gewöhnen.

Gewöhnungstraining zur Zähmung

Laut Hollmann [6] ist die häufigste Ursache für aggressives Verhalten gegenüber dem Menschen die Störung des Schlafes. Daher sollte diese vermieden werden. Ist das Aufwecken eines Hamsters jedoch unumgänglich, sollte es so sanft wie möglich erfolgen, beispielsweise durch freundliche Ansprache und Rascheln vor dem Schlafhäuschen.

Das Gewöhnungstraining (s. Merkblatt (S. 122)) erfolgt in kleinen Schritten und unter Einsatz begehrten Futters. Gedämpftes Licht und das Einreiben der Hände mit benutzter Streu sind hilfreich.

6.2.3 Vorbereitende Maßnahmen

Die Transportbox sollte für den Goldhamster ein vertrauter Ort sein, sodass der Transport zum Tierarzt weniger belastend ist. Sie sollte geöffnet im Aufenthaltsbereich des Hamsters stehen und Streu enthalten. Mit Futter kann der Hamster hineingelockt werden. Schrittweise kann man das Verschließen und Anheben der Box üben, während der Hamster darin sitzt und attraktives Futter frisst.

Praxistipp

Was zum Tierarztbesuch mitgenommen werden sollte

- Streu aus dem Hamsterkäfig und Nistmaterial in die Transportbox legen und zusätzlich in einem separaten Gefäß mitnehmen.
- begehrtes Futter mitnehmen, das man dem Hamster unterwegs und in der Tierarztpraxis geben kann.

Im Anhang finden Sie ein entsprechendes Merkblatt (S. 122) für die Besitzer.

6.3 Situationen in der Tierarztpraxis

6.3.1 Handling

Hamster sind durch ihr „einzelgängerisches" Wesen Menschen gegenüber nicht so kontaktfreudig wie etwa Ratten, und sie sind keine „Streicheltiere". Sie sind es häufig nicht gewöhnt, in die Hand genommen zu werden.

Hamster sollte man anfassen und hochheben, indem man mit den Händen eine Höhle bildet. Dafür hält man zuerst die gewölbten Hände über den Hamster und schließt sie dann um ihn.

Zum Einfangen entlaufener Hamster kann man ein Behältnis verwenden, in das man das Tier laufen lässt.

Das Fixieren erfolgt am besten mittels Schultergürtelgriff [5] (▶ **Abb. 6.1**), evtl. mithilfe eines Tuches.

Der Nackengriff sollte möglichst vermieden werden. Ist er in Ausnahmefällen doch einmal nötig, muss dabei der gesamte Bereich der Hautausstülpungen der Backentaschen umfasst werden, da sich das Tier sonst entwinden oder umdrehen und zubeißen könnte [2].

▶ **Abb. 6.1** Schultergürtelgriff (nach [5] zur Fixierung eines Goldhamsters). (Zeichnung: Dr. Dorothea Döring, München)

Praxistipp

Empfehlungen zum Hochheben und Festhalten

- Fenster und Türen selbstverständlich schließen, bevor die Transportbox geöffnet wird.
- Wenn Sie den Hamster aus Transportbox bzw. Käfig nehmen, dann bitte vorsichtig mit beiden Händen, die Sie zu einer Höhle formen (erst beide Hände über das Tier als Dach formen, dann eine Hand unter den Hamster schieben).
- Aggressiv reagierenden Hamstern kann man einen Holzspatel hinhalten, in den er sich verbeißen kann, bevor man das Tier in die Hand nimmt.
- Der Nackengriff ist möglichst zu vermeiden. Wenn das Tier fixiert werden muss, dann möglichst per Schultergürtelgriff, wobei Zeige- und Mittelfinger den Kopf so umschließen, dass der Hamster sich nicht umdrehen und beißen kann.
- Bei besonders wehrhaften Tieren empfiehlt es sich, ein Tuch zum Greifen zu verwenden.
- Hamster sollten möglichst nur wenige Zentimeter hochgehoben werden, sodass sie sich – falls sie sich aus dem Griff befreien – nicht beim Absturz verletzen.
- Entlaufene Hamster mit Box oder Röhre einfangen.

Verbeißt sich der Goldhamster beim Handling in der Hand, darf man ihn auf keinen Fall abschütteln, da dies zu schweren Verletzungen des Tieres führen könnte. Stattdessen muss der Hamster behutsam auf eine Unterlage bzw. in seine Transportbox abgesetzt werden [2], [6].

Literatur

[1] Albright J, de Matos R. Hamsters. In: Tynes V, ed. Behavior of Exotic Pets. Chichester: Wiley-Blackwell, 2010

[2] Flecknell P. Restraint, anaesthesia and treatment of children's pets. In Pract 1983; 5: 85–95

[3] Gärtner K, Militzer K. Zur Bewertung von Schmerzen, Leiden und Schäden bei Versuchstieren. Schriftenreihe Versuchstierkunde, Heft 14. Berlin, Hamburg: Verlag Paul Parey, 1993

[4] Gattermann R, Weinandy R. Time of day and stress response to different stressors in experimental animals. 1. Golden hamster (mesocricetus auratus waterhouse, 1839). J Exp Anim Sci 1996, 38, 66–76

[5] Hein J. Umgang mit Heimtieren in der Praxis. Prakt Tierarzt 2010 (91); 10: 869–871

[6] Hollmann P. Der Hamster. Artgerecht halten, gesund ernähren, richtig verstehen. München: Gräfe und Unzer Verlag, 1998

7 Ratten

Dorothea Döring

7.1 Allgemeines

Heimtierratten stammen von der Wanderratte (Rattus norvegicus) ab, die in großen Familienrudeln lebt. Ratten sind obligat sozial, sie sind dämmerungs- und nachtaktiv und sie suchen Schutz in Verstecken oder graben unterirdische Bauten. Sie haben differenzierte soziale Verhaltensweisen.

7.1.1 Körpersprache

Angstverhalten/Schreckreaktion

- Zusammenzucken
- Freezing (Erstarren): Das Tier verharrt bewegungslos. Es kann dabei auch Schwanzzucken und langsames Kopfpendeln zeigen.
- Fliehen
- Sich-Eingraben in die Streu
- Kot- und Urinabsatz

Thigmotaxis

Zum Schutz vor Beutegreifern vermeiden es Ratten, offene Flächen zu betreten; sie bewegen sich hauptsächlich an Strukturen wie Wänden bzw. deckungsbietenden Objekten entlang. In Verhaltenstests wird von der Ausprägung dieses Verhaltens auf den emotionalen Zustand der Ratte geschlossen: Meidet eine Ratte im „Open-Field“-Test das Zentralfeld und hält sich nur am Rand auf, wird sie als ängstlicher eingestuft als ein Tier, das auch in die Mitte der Testarena läuft.

Agonistisches Verhalten

- offensiv aggressiver Ausdruck: gesträubtes Fell und halb geschlossene Augen
- defensiver Ausdruck: glatt angelegtes Fell, flach angelegte Ohren und vorstehende Augen

Beide Ausdrucksformen kommen sowohl beim „seitlichen Angriff“ (Angreifer nähert sich seitlich, stößt mit der Hüfte den Gegner an und tritt ihn mit einem Hinterbein) als auch beim „aufrechten Angriff“ vor.

Bei Konflikten können Ratten auch Putzverhalten zeigen (Putzen als Übersprungshandlung).

7.1.2 Vokalisation

Ratten hören in einem Frequenzbereich bis zu 80 kHz [14]. Ihre akustische Kommunikation liegt daher teilweise außerhalb des menschlichen Hörbereichs.

- Zähneklappern kann beim agonistischen Verhalten gezeigt werden (sowohl beim Angreifer als auch beim Angegriffenen) und eine Frequenz von 0–40 kHz haben [10].
- für den Menschen hörbare Schreie (Frequenz von 1,0–1,5 kHz): z. B. bei Angst
- Ultraschallschreie: u. a.
  - 22-kHz-Ultraschallschrei bei Auseinandersetzungen zwischen Ratten (bei der Unterwerfung wird er vom am Boden liegenden Tier abgegeben)
  - 58-kHz-Schrei von Neugeborenen, z. B. bei sozialer Isolation
  - 50-kHz-Schrei bei positiver Gestimmtheit (von Panksepp u. Burgdorf [8] als eine Art „Lachen“ interpretiert)

7.1.3 Erkennen von Schmerzen

Erkennen von Schmerzen aufgrund der Mimik

Um Schmerzen bei Versuchsratten erkennen und quantifizieren zu können, wurde der Rat Grimace Scale (RGS) entwickelt [12]. Er bezeichnet den Normalzustand mit Score 0, leichte Veränderungen mit 1 und offensichtliche Veränderungen mit 2. Folgende Elemente sind enthalten (► **Abb. 7.1**):

- **Augen:** Die Augenlider werden teilweise oder komplett geschlossen.
- **Nasen- und Wangenabflachung:** sukzessives Abflachen von Schnauzenbereich und Wangen

▶ **Abb. 7.1** Rat Grimace Scale [12]. Zusammenfassende Darstellung der vier Ausdrucksregionen (Augen, Nase/Wangen, Ohren, Vibrissen). (Zeichnung: Dr. Dorothea Döring, München. Quelle: Schneider B, Döring D. Verhaltensberatung bei kleinen Heimtieren: Haltung, Normalverhalten und Behandlung von Verhaltensproblemen. Stuttgart: Schattauer, 2017; S. 67.)

a Score = 0: Normalzustand.

b Score = 2: offensichtliche Veränderungen der Ausdrucksregionen, d. h. Augenlidschluss, Schnauzen-/Wangenabflachung, Ohreneinrollen, Vibrissenabstellen (weg vom Gesicht).

bei zunehmendem Schmerz, Verstreichen der Falte zwischen Wange und Barthaar-Bereich

- **Ohrposition:** Die Ohren werden bei Schmerzen eher eingefaltet/eingerollt (Ohrenform wird dadurch eher spitz), der Abstand zwischen den Ohren erscheint evtl. vergrößert.
- **Position der Vibrissen:** Bei Schmerzen werden die Vibrissen nach vorne abgestellt (weg vom Gesicht).

Körperliche Signale und Verhalten bei Schmerzen

Folgende Veränderungen am Tier können auf Schmerzen hindeuten [3]:

- Aussehen: gesträubtes Fell, struppige Deckhaare, Haut bleich (Anämie) oder gelb (Ikterus), Muskelatrophie des Rückens, Dehydratation
- Körperhaltung und Bewegung: oft gekrümmte Stellung mit Kopf in Bauchgegend, verlängerte Liegedauer, verminderte Bewegung, bei Schmerzen im Bauchraum Kontraktionen der Bauchdecke und gestelzte Bewegungen, „watschelnder" Gang bei Umfangsvermehrungen im Bauchraum (Tumor, Aszites)
- Augen: halb oder fast geschlossene Augenlider, Tränenfluss, eingesunken wirkende Augäpfel
- Verhalten: anfangs aggressive Reaktionen (Beißen bei Berührung), später teilnahmslos, zieht sich zurück; gestörter Aktivitätsrhythmus, verminderte Futter- und Wasseraufnahme, reduziertes Explorationsverhalten, Betrachten und Belecken oder Selbstbeschädigung (Automutilation) schmerzender Körperteile; Kot- und Urinabsatz bei Angst
- Lautäußerungen: Schreie bei akuten Schmerzen, insbesondere bei Berührung
- Atmung: Frequenz erhöht, evtl. Niesen, Rasselgeräusche, roter Nasenausfluss
- Hypothermie
- Gewichtsabnahme

„Brillenaugen"

Die Harder'sche Drüse am Auge bildet rötliches, porphyrinhaltiges Sekret. Zeigen Ratten „Brillenaugen" (rötliche Verfärbungen um die Augen) oder roten Nasenausfluss, kann dies für Stress [9] bzw. reduziertes Putzverhalten sprechen – etwa bei kranken oder alten Tieren [15]. Bei manchen Laborrattenstämmen sind die „Brillenaugen" jedoch als normal anzusehen [3].

Ein Merkblatt (S. 125) für Ihre Klienten zur Schmerzerkennung bei der Ratte finden Sie im Anhang.

7.2 Vorbereitung auf den Tierarztbesuch

7.2.1 Augenmerk auf Besonderheiten

Leben in Gemeinschaft

Ratten sind obligat sozial, d. h., sie brauchen zwingend eine soziale Haltung mit Artgenossen. Durch viele Studien wurde belegt, dass die Einzelhaltung eine Belastung darstellt. Auch die Wundheilung ist in Einzelhaltung deutlich schlechter [13].

Praxistipp

Ratte mit Partnertieren in die Praxis bringen lassen

- Ratten müssen immer mit ihren Partnertieren gemeinsam in die Tierarztpraxis gebracht werden.
- Kranke Tiere sollen nicht separiert werden.
- Auch postoperativ sollten Ratten nicht von ihrer Gruppe getrennt werden (notfalls vorübergehend mit Gitter von der Gruppe abtrennen, bis das Tier aus der Narkose wieder aufgewacht ist).

Aktivitätszeit

Ratten sind dämmerungs- und nachtaktiv und haben ein mehrphasiges Aktivitätsmuster [9]. Albinoratten sind besonders lichtempfindlich. Sie meiden bereits einen Schlafplatz ab einer Lichtintensität von 25 Lux [11] und bekommen ab 60 Lux Netzhautschäden [10].

Praxistipp

Tageszeit und Licht

- Bestellen Sie Rattenpatienten erst am späten Nachmittag oder frühen Abend in die Praxis. Dies gilt auch, wenn Sie eine Operation bei der Ratte durchführen.
- Dimmen Sie das Licht während des Handlings.
- Schützen Sie die Augen der Ratte vor zu hellem Licht (Augen abdecken während OP)

Orientierung durch Geruch

Die Duftkommunikation spielt bei Ratten eine sehr große Rolle: Zum einen orientieren sie sich in ihrem Revier an „Duftstraßen", die sie mit Urin und Pfotensekret anlegen. Zum anderen ist der Rudelgeruch entscheidend für die Akzeptanz von Artgenossen. Denn durch Körperkontakt, Über- und Unterkriechen und Benetzen mit Urin wird ein gemeinsamer Gruppengeruch hergestellt.

Praxistipp

Schaffen eines vertrauten Geruches

- Die Besitzer sollten benutzte Streu und benutztes Nestmaterial in die Transportbox geben.
- Lassen Sie sich uringetränkte Streu des Tieres in einem Extragefäß mitbringen. Reiben Sie sich die Hände damit ein, bevor Sie die Transportbox öffnen und die Ratte anfassen.

Rückzugsorte

Als kleine Beutetiere halten sich Ratten hauptsächlich an geschützten Orten auf. Zum Schlafen bevorzugen sie abgedunkelte Rückzugsbereiche. Ratten bewegen sich entlang von Objekten wie Wänden und vermeiden es, offene Flächen zu betreten.

Praxistipp

Verstecken ermöglichen

- Lassen Sie es zu, dass sich ängstliche Tiere wenigstens mit ihrem Kopf verstecken können. Sie können z. B. ein (möglichst vertraut nach ihr riechendes) Tuch über den Kopf der Ratte legen. Oder aber Sie untersuchen sie in der Unterwanne des Transportbehältnisses, während sie ihren Kopf unter einem Stück Zellstoff versteckt.
- Entwischt die Ratte in der Praxis und ist sie nicht handzahm, sollte man sie in eine Plastikbox oder Röhre laufen lassen und sie zusammen mit dieser hochheben.

Erschrecken vermeiden

Die Anwesenheit großen Beutegreifer kann als belastend für Ratten angesehen werden. Untersuchungen zeigen, dass die Furcht vor Katzen bei Ratten angeboren ist. Bei Katzengeruch zeigen

Ratten Stress- und Meidereaktionen [1], [6]. Auch das Beugen des Menschen von oben über die Ratte kann Furcht auslösen.

Praxistipp
Schutz vor Erschrecken

- Schaffen Sie im Wartezimmer ruhige und nicht zu hell erleuchtete Bereiche für die Kleinsäuger-Patienten, möglichst getrennt von den Räumen für Hunde und Katzen.
- Bieten Sie erhöhte Flächen an, auf denen man die Transportboxen und Käfige abstellen kann.
- Vermeiden Sie Katzengeruch in den Räumen, in denen sich Ratten aufhalten.
- Beugen Sie sich nicht von oben über die Ratte.
- Halten Sie Tücher bereit, mit denen ein Käfig oder die Gittertür der Transportbox abgedeckt werden kann, falls der Besitzer keine Abdeckung mitgebracht hat.

7.2.2 Hinweise an Besitzer

Rattenbesitzer sollten beraten werden, wie sie Probleme im Vorfeld vermeiden und wie sie ihre Tiere auf den Tierarztbesuch vorbereiten können.

Sozialisierung auf den Menschen

Es gibt viele Untersuchungen zum **pränatalen Stress** bei Ratten. Wird das Muttertier während der Tracht Stressoren ausgesetzt, hat das langanhaltende Folgen für den Nachwuchs, u. a. eine größere Ängstlichkeit [10]. Züchter sollten daher Stress für trächtige Tiere vermeiden.

Am besten sucht man sich Ratten aus einer Zucht, bei der die Tiere tiergerecht gehalten werden und ausreichend Kontakt zu Menschen haben. Insbesondere in der 4. und 5. Lebenswoche müssen die Jungtiere viel sanft angefasst werden (mindestens zweimal täglich zehn Minuten), um auf Menschen „sozialisiert“ zu werden (siehe dazu die Studie von Maurer et al. [5]). Auch an Alltagsreize und -geräusche sollten die Jungratten gewöhnt sein. Das nach Rauth-Widmann [9] ideale Übernahmealter liegt bei sechs Wochen. Am besten übernimmt man mindestens drei Geschwister gleichen Geschlechts.

Praxistipp
Beratung über Sozialisierung
Jungratten sollten insbesondere im Alter von 4–5 Wochen ausreichend menschlichen Kontakt haben, damit sie Menschen später nicht als Beutegreifer ansehen.

Gewöhnungstraining zur „Zähmung“

Es ist empfehlenswert, dass sich Ratten von ihren Besitzern angstfrei und ohne aggressive Gegenwehr anfassen lassen. Bei scheuen Tieren muss mittels Gewöhnungstraining ein Vertrauensverhältnis aufgebaut werden.

Beispiel für ein Gewöhnungstraining

- Sich häufiger dicht neben den Käfig setzen, z. B. mit einem Buch
- Hände mit benutzter Streu einreiben, bevor man mit den Tieren interagiert
- Futter aus der Hand geben. Wenn die Tiere nicht aus der Hand fressen: Futter in den Käfig in die Nähe der offenen Käfigtür legen, während man neben dem Käfig sitzt. Hand von außen in die Nähe der Tür halten. Auf diese Art nach und nach die Ratten mit dem Futter immer näher in Richtung Tür und Hand locken, bis sie angstfrei direkt neben der Hand das Futter fressen. Anschließend Futter aus der Hand geben.
- Sanftes Anfassen in kleinen Schritten üben. Zuerst nur kurz berühren, dann immer länger zart streicheln. Immer aufhören, noch bevor die Ratte zeigt, dass es ihr zu viel wird (also nicht abwarten, bis das Tier ausweicht oder Abwehr zeigt, sondern bereits vorher aufhören).
- Schließlich auch das Hochheben in kleinen Schritten und mit Belohnung üben.

Praxistipp
Beratung zum Gewöhnungstraining
Rattenbesitzer sollten ihre Tiere schrittweise über vertrauensbildende Maßnahmen an das Anfassen und Hochheben gewöhnen.

7.2.3 Vorbereitende Maßnahmen

Um den Transport stressarm zu gestalten, sollten die Besitzer ihre Ratten an die Transportbox gewöhnen. Empfehlenswert ist eine Box, die Platz für die ganze Gruppe bietet. Der obere Teil sollte abzunehmen sein, damit man in der Praxis einen leichteren Zugriff auf die Tiere hat und sie gegebenenfalls in der Unterwanne untersuchen kann.

Gewöhnung an die Transportbox

Die Box sollte permanent im Aufenthaltsbereich der Tiere stehen, sodass sie nach ihrem Revier riecht und bereits als Schlafplatz benutzt wird. In kleinen Schritten kann man dann den Transport üben: Man legt besonders begehrtes Futter in die Box. Wenn die Ratten darin sitzen und das Futter fressen, schließt man kurz die Tür und hebt die Box einen Zentimeter vom Boden an. Dann stellt man die Box gleich wieder ab und öffnet die Tür. Nach und nach wird die Zeit des Anhebens und Tragens gesteigert.

Praxistipp
Was zum Tierarztbesuch mitgenommen werden sollte

- Partnertiere (gesamte Rattengruppe) mitnehmen
- benutze Streu in die Transportbox legen
- benutzte Streu (Kot, Urin) separat in Behältnis mitnehmen, damit sich der Tierarzt vorab die Hände damit einreiben kann.
- begehrtes Futter mitnehmen, das man in der Praxis während der Untersuchung und Behandlung füttert

Im Anhang finden Sie ein entsprechendes Merkblatt (S. 122) für die Besitzer.

7.3 Situationen in der Tierarztpraxis

7.3.1 Handling

Umgangsregeln

Um eine positive Assoziation mit der Situation beim Tierarzt zu erreichen und eine bessere Toleranz von Manipulationen, sollte man besonders begehrte Leckereien vor und während der Untersuchung und Behandlung verfüttern.

Da sich Ratten eines Rudels gegenseitig am Geruch erkennen, ist der Geruch der Hände wichtig. Daher sollte man sich vor dem Anfassen einer Ratte die Hände mit benutzter Streu dieses Tieres einreiben.

Zum Einfangen von Tieren, die sich nicht problemlos greifen lassen, kann man ein Behältnis (z. B. Röhre) verwenden, in das man das Tier laufen lässt.

Handling-Methoden

Am besten greift man Ratten, indem man mit beiden Händen eine Höhle bildet oder mit der einen Hand locker den Oberkörper umgreift und mit der anderen das Hinterteil stützt. Das lockere Umgreifen ist wichtig, da ein zu enger Griff um den Brustkorb die Atmung behindern kann und zu Panik- und Abwehrreaktionen der Ratte führen könnte [2].

Ratten sollten nicht am Schwanz hochgehoben werden, da ihre Schwanzhaut reißen kann. Insbesondere das Festhalten an der Schwanzspitze ist gefährlich. Wird die Ratte an der Schwanzbasis gehalten, muss eine zweite Hand das Gewicht des Tieres stützen.

Zum Fixieren bewähren sich die Schultergürtelgriffe. ▸ **Abb. 7.2** zeigt die Position der Finger beim Greifen nach Hein [4], in ▸ **Abb. 6.1** sieht man das Halten des Kleinsäugers mithilfe des Schultergürtelgriffes. Eine weitere Möglichkeit des Schultergriffes zeigt ▸ **Abb. 7.3**.

Der Nackengriff, d. h. das Fixieren am Nackenfell, wird von den Tieren als unangenehm empfunden [2] und führt nachweislich zu physiologischen Stressreaktionen [7].

Eine weitere Möglichkeit ist das Greifen und Festhalten mithilfe eines Tuches.

▶ **Abb. 7.2** Greifen einer Ratte zum Hochheben im Schultergürtelgriff nach Hein [4]. (Zeichnung: Dr. Dorothea Döring, München)

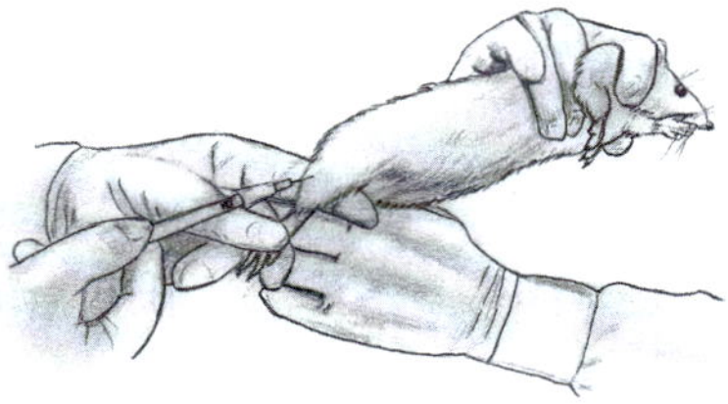

▶ **Abb. 7.3** Fixierung bei einer Laborratte zur Injektion. (Zeichnung: Dr. Dorothea Döring, München)

Praxistipp

Empfehlungen zum Hochheben und Festhalten

- Fenster und Türen sind selbstverständlich zu schließen, bevor die Transportbox geöffnet wird.
- Zahme Ratten werden locker mit der Hand am Oberkörper umfasst oder in beide, zur Höhle geformten Hände genommen.
- Das Festhalten im Nackengriff ist möglichst zu vermeiden. Wenn das Tier fixiert werden muss, dann mittels Schultergürtelgriff möglichst nah am Kopf hinter den Kiefergelenken, sodass sich die Ratte nicht umdrehen und beißen kann.
- Man kann die Ratte auch mit einem Tuch greifen und somit mit Tuch und Hand fixieren.
- Kein Hochheben frei hängend am Schwanz.
- Anbieten besonders begehrten Futters vor und während der Untersuchung und Behandlung

7.4 Nach dem Tierarztbesuch

7.4.1 Vorsichtsmaßnahmen

Wurde eine Ratte ohne ihre Partnertiere in die Tierarztpraxis gebracht oder dort operiert, kann es zu Hause zu Unverträglichkeitsreaktionen kommen. Die Besitzer sollten gewarnt werden, dass der Patient aufgrund des fremden Geruches angegriffen werden könnte. Daher sollte man die Ratte, die aus der Praxis kommt, mit benutzter Streu der Gruppe einreiben und die Tiere erst einmal außerhalb des vertrauten Käfigs zusammensetzen.

Praxistipp

Beratung der Besitzer zur Wiedereingliederung

Am besten wird der Patient von seinen Gruppenmitgliedern in die Praxis begleitet. Ist das nicht möglich, muss er nach der Heimkehr mit benutzter Streu der Gruppe eingerieben werden, damit er wieder den vertrauten Gruppengeruch erhält. Der Patient wird dann nicht zur Gruppe zurückgesetzt, sondern die erste Begegnung nach der Heimkehr erfolgt möglichst außerhalb des Käfigs.

Ein Merkblatt (S. 120) für die Besitzer zum Thema Wiedereingliederung nach dem Tierarztbesuch finden Sie im Anhang.

Literatur

[1] Dielenberg RA, Carrive P, McGregor IS. The cardiovascular and behavioral response to cat odor in rats: unconditioned and conditioned effects. Brain Res 2001; 897: 228–237

[2] Flecknell P. Restraint, anaesthesia and treatment of children's pets. In Pract 1983; 5: 85–95

[3] Gärtner K, Militzer K. Zur Bewertung von Schmerzen, Leiden und Schäden bei Versuchstieren. Schriftenreihe Versuchstierkunde, Heft 14. Berlin, Hamburg: Verlag Paul Parey, 1993

[4] Hein J. Umgang mit Heimtieren in der Praxis. Prakt Tierarzt 2010 (91); 10: 869–871

[5] Maurer BM, Döring D, Scheipl F et al. Effects of a gentling programme on the behaviour of laboratory rats towards humans. Appl Anim Behav Sci 2008; 114: 554–571

[6] McGregor IS, Hargreaves GA, Apfelbach R et al. Neural correlates of cat odor-induced anxiety in rats: region-specific effects of the benzodiazepine Midazolam. J Neurosci 2004; 24: 4 134–4 144

[7] Mende G. Untersuchung zur Beurteilung der Belastung von Laborratten durch einfache Manipulationen an den Parametern Kortikosteron und Prolaktin [Dissertation]. Berlin: Freie Universität, 1999

[8] Panksepp J, Burgdorf J. 50-kHz chirping (laughter?) in response to conditioned and unconditioned tickle-induced reward in rats: effects of social housing and genetic variables. Behav Brain Res 2000; 115: 25–38

[9] Rauth-Widmann B. Meine Ratten. Stuttgart: Kosmos Verlag, 2000

[10] Schleif O. Ein Beitrag zur tiergerechten Haltung der Ratte anhand der Literatur [Dissertation]. Hannover: TiHo, 2001. Im Internet: http://elib.tiho-hannover.de/dissertations/schleifo_2001.pdf; letzter Zugriff: 18.06.2018

[11] Schlingmann F, De Rijk SHLM, Pereboom WJ et al. ‚Avoidance‘ as a behavioural parameter in the determination of distress amongst albino and pigmented rats at various light intensities. Anim Technol 1993; 44 (2): 87–95

[12] Sotocinal SG, Sorge RE, Zaloum A et al. The Rat Grimace Scale: A partially automated method for quantifying pain in the laboratory rat via facial expressions. Molecular Pain 2011; 7: 55. Im Internet: http://www.molecularpain.com/content/7/1/55

[13] Vitalo AG, Gorantla S, Fricchione JG et al. Environmental enrichment with nesting material accelerates wound healing in isolation-reared rats. Behav Brain Res 2012; 226 (2): 606–612

[14] Weiß J, Maeß J, Nebendahl K, Hrsg. Haus- und Versuchstierpflege. 2. Aufl. Stuttgart: Enke Verlag, 2003

[15] Wijnbergen, A. Ratten. In: Gabrisch K, Zwart P. Krankheiten der Heimtiere. Fehr M, Sassenburg L, Zwart P, Hrsg. Hannover: Schlütersche Verlagsgesellschaft mbH, 2005

8 Weitere kleine Heimtiere

Barbara Schneider

8.1 Allgemeines

Bei allen kleinen Heimtieren, die regelmäßig Patienten in der Tierarztpraxis sind, sind ein paar grundsätzliche Empfehlungen zu beachten, um Stress zu reduzieren und eine tierfreundliche Atmosphäre zu schaffen.

So ist es beispielsweise bei jeder Tierart wichtig, dass die Tiere vorab an den **Transportkäfig** sowie an ein **Handling** gewöhnt werden. Zudem sollte immer etwas **benutzte Einstreu** im Transportkäfig mitgegeben werden. Dies hilft zum einen dem Tier sich in der Transportbox wohler zu fühlen, da sie vertraut riecht. Zum anderen kann dann das Praxispersonal die Hände mit der verwendeten Einstreu einreiben, um angenehmer für den Patienten zu riechen. Bei allen kleinen Heimtieren müssen die Besitzer darauf hingewiesen werden, dass die **Transportboxen immer erhöht abzustellen** sind (z. B. auf dem Schoß oder auf einem Raumteiler/Regal).

Da auch kleine Heimtiere mit Leckereien für angstfreies Verhalten belohnt werden sollten, müssen die Besitzer gebeten werden, die jeweiligen **Lieblingsleckerlis** ihres zu behandelnden Tieres mitzubringen, sodass diese in der Praxis verfüttert werden können.

8.2 Mäuse

8.2.1 Körpersprache

Angstverhalten/Schreckreaktion

- Zusammenzucken
- Freezing (Erstarren): Tiere verharren bewegungslos.
- Fliehen
- Sich-Eingraben in die Streu
- Kot- und Urinabsatz

Drohverhalten

- Schwanzschlagen
- gesenkte Kopfposition
- Trommeln mit den Hinterbeinen
- agonistische defensive Pose: aufrechtes Drohen mit zurückgelegten Ohren, evtl. mit gesträubtem Fell

Sonstiges Verhalten

- **Thigmotaxis:** Mäuse halten sich aus Schutz vor Beutegreifern nicht gerne auf freien Flächen auf. Sie bevorzugen den Aufenthalt in direkter Nähe von Strukturen wie Häuschen oder Wänden, die Deckung bieten.
- **Putzverhalten** kann eine Übersprungshandlung darstellen und in Konfliktsituationen gezeigt werden. Es wird auch häufig nach dem Ende einer stressigen Situation gezeigt und signalisiert den Übergang zu Normalverhalten.

8.2.2 Vokalisation

Mäuse haben ein ausgezeichnetes Hörvermögen und können Laute in einem Frequenzbereich von 80 Hz bis zu über 100 kHz wahrnehmen [8]. Doch nur ein kleiner Teil der innerartlichen Kommunikation findet in einem für das menschliche Ohr hörbaren Frequenzbereich statt.

- für den Menschen hörbare Schreie: z. B. bei Angst oder Schmerz und Aggression
- Ultraschallschreie: u. a.
  - 35-kHz-Ultraschallschrei: Isolationsrufe von Neugeborenen
  - Gesänge: Böckchen singen Melodien, um Weibchen anzulocken [3].

Praxistipp

Mitunter berichten Besitzer, dass ihre Mäuse eine Art „Schnattern" oder „Meckern" zeigen. Wenn diese Laute beinahe ununterbrochen ausgestoßen werden, sind sie fast immer durch eine Atemwegserkrankung bedingt, die umgehend untersucht und behandelt werden muss.

8.2.3 Erkennen von Schmerzen

Erkennen von Schmerzen aufgrund der Mimik

Um Schmerzen bei Versuchsmäusen erkennen und quantifizieren zu können, wurde der Mouse Grimace Scale (MGS) von Langford et al. [7] entwickelt. Bestimmte Gesichtsmerkmale, die bei einer Maus Anzeichen für Schmerzen sind, werden darin aufgeführt. Der Normalzustand wird dabei mit dem Score von 0 bewertet, leichte Veränderungen mit 1 und offensichtliche Veränderungen, die auf schwere Schmerzen hindeuten, mit 2. Folgende Elemente sind enthalten (▸ **Abb. 8.1**):

- **Augen:** Je mehr die Lidspalte zusammengekniffen wird, umso stärker sind die Schmerzen. Als Faustregel gilt dabei, dass ein Auge, das mehr als zur Hälfte zusammengekniffen ist, als „2“ eingestuft werden soll. Es ist dabei wichtig, das Tier über einen gewissen Zeitraum hinweg zu beobachten, um kein Zusammenkneifen der Lidspalte aus Müdigkeit oder aufgrund von Lichteinfall fälschlicherweise als Schmerz einzuordnen.
- **Nasen- und Wangenbereich** („Nose Bulge“ und „Cheek Bulge“): Mit zunehmender Schmerzhaftigkeit sind Ausbuchtungen an der Nase oder im Backenbereich zu erkennen, die durch Muskelanspannungen entstehen.
- **Ohrposition:** Mit zunehmendem Schmerz werden die Ohren immer weiter zurückgezogen und an den Körper angelegt.
- **Position der Vibrissen:** Von einer neutralen Ausgangsposition (Vibrissen gleichmäßig voneinander entfernt) werden sie mit zunehmendem Schmerz entweder weiter zurück Richtung Körper gezogen und regelrecht „angelegt“, oder sie werden nach vorne aufgestellt oder klumpen zusammen. Sinushaare sind in neutraler Position gleichmäßig voneinander entfernt.

Praxistipp

Die Mouse Grimace Scale kann über die Homepage des National Center for the Replacement, Refinement&ReductioMouse Gn of Animals in Research (NC 3Rs) unter folgendem Link heruntergeladen werden: https://www.nc3rs.org.uk/sites/default/files/documents/Guidelines/MGS%20Manual.pdf

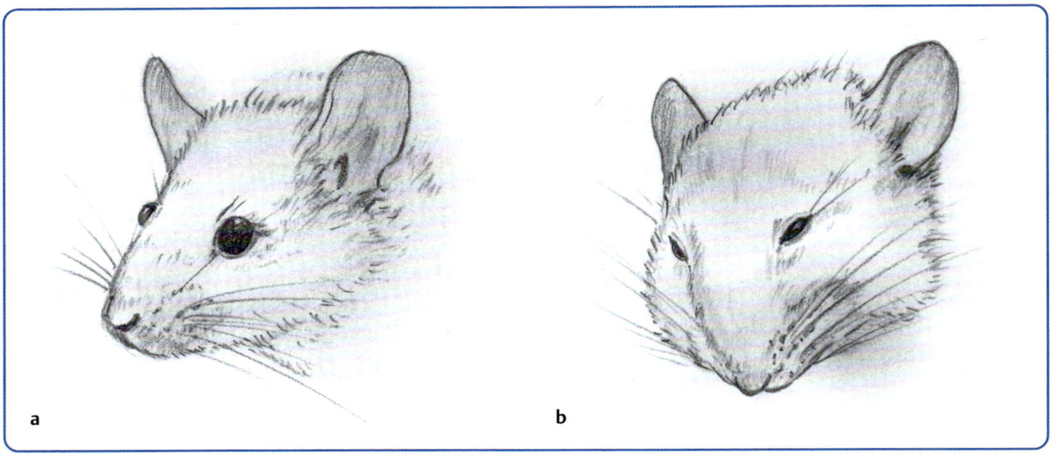

▸ **Abb. 8.1** Beispiele für die Ausprägung „0“ und „2“ für die einzelnen Punkte der Mouse Grimace Scale nach Langford et al. [7]. Zusammenfassende Darstellung der vier Ausdrucksregionen (Augen, Nase/Wangen, Ohren, Vibrissen). (Zeichnung: Dr. Dorothea Döring. Quelle: Schneider B, Döring D. Verhaltensberatung bei kleinen Heimtieren: Haltung, Normalverhalten und Behandlung von Verhaltensproblemen. Stuttgart: Schattauer, 2017: 146.)

a Score = 0: Normalzustand.

b Score = 2: offensichtliche Veränderungen mit zusammengekniffenen Augen, Ausbuchtungen im Nasen- und Backenbereich, zurückgelegten Ohren und angelegten Vibrissen.

Körperliche Signale und Verhalten bei Schmerzen

Folgende Veränderungen am Tier können auf Schmerzen hindeuten [4]:

- erhöhte Abwehrreaktionen
- Beißen
- vermehrtes Rückzugsverhalten, später Teilnahmslosigkeit
- Isolierung von der Gruppe
- gesträubtes Fell
- gekrümmter Rücken
- Bauch schlaff oder aufgezogen
- Dehydratation
- Gewichtsverlust
- Lider weit offen, halb oder ganz geschlossen
- Augen eingesunken
- Tränenfluss
- Atemfrequenz hoch
- angestrengtes Atmen
- Atemgeräusche
- Nasenausfluss
- Flanken eingezogen (= Darm leer)
- Kotflecken, schmutziges Fell
- kalte Körperoberfläche
- Automutilation
- Beißen in schmerzende Körperteile
- Wälzen bei starken Bauchschmerzen
- häufig von Lichtquellen abgewandte Haltung
- Urin- und Kotabsatzfrequenz verringert oder erhöht
- hochfrequente Quieklaute bei Ergreifen, Abnahme des Abwehrquiekens bei zunehmender Schwäche

8.2.4 Handling

Als kleine Beutetiere reagieren Mäuse besonders schreckhaft auf plötzliche Bewegungen von oben. Diese sind daher zu vermeiden.

Zum Hochheben sollten die Hände eine Höhle bilden. Ein Hochheben am Schwanz ist zu unterlassen (Verletzungsgefahr). Eine kurze Fixierung des Tieres an der Schwanzwurzel – bevor es mit der zweiten Hand hochgehoben wird –, ist aber akzeptabel.

Zum Einfangen lässt man Tiere, die sich nicht ohne Probleme greifen lassen, in ein dunkles, rundes Behältnis (z. B. Röhre oder Tasse) laufen. Die offene Seite wird für den Transport kurzfristig mit der Hand oder einem Deckel verschlossen.

Eine Fixierung im Nackengriff ist zu vermeiden, da sie von den Tieren als äußerst unangenehm empfunden wird.

Praxistipp

Handling in der Tierarztpraxis

- Hände vorab mit (vom Patienten) benutzter Einstreu einreiben
- ruhige Bewegungen; leise, sanfte Stimmlage verwenden
- Mäuse niemals am Schwanz hochheben (schwere Schwanzverletzungen möglich!)
- entkommene Tiere in kleine Gefäßen wie Dosen oder Tassen laufen lassen

8.3 Degus

8.3.1 Körpersprache

Angstverhalten/Schreckreaktion

- Freezing (Erstarren): Tiere verharren bewegungslos auf einem Fleck.
- Fliehen
- Kot- und Urinabsatz

Drohverhalten

- Präsentieren der Breitseite
- gekrümmter Rücken

Sonstiges Verhalten

- Schwanzschlagen: Zeichen von (negativer oder positiver) Erregung
- Aufreiten: mögliche rangbezogene Geste (meist reitet ranghöheres Tier auf ein rangniedrigeres auf)

8.3.2 Vokalisation

Degus können im Frequenzbereich von 100 Hz bis 35 kHz hören [12]. Viele hörbare Degulaute haben eine zusätzliche Ultraschallkomponente.

Zwitschern wird häufig bei einer physischen Trennung gezeigt, aber auch bei Begrüßungen und Spielverhalten. Auch bei kleineren Auseinandersetzungen zwischen Degus wird gezwitschert. Der Laut dient vermutlich dazu, weitere Aggressionen zu unterbinden [9].

Distressrufe

- Jungtiere verwenden lautes Pfeifen als Verlassenheitsrufe. Es veranlasst ein Brutpflegeverhalten bzw. Zurücktragen ins Nest bei erwachsenen Tieren.
- Lautes Quietschen wird bei Schmerzen gezeigt.

Warnlaute

- Warnpfiff: sehr lauter, durchdringender Laut; wird bei Sichtung von (potenzieller) Gefahr ausgestoßen; Artgenossen reagieren darauf mit sofortiger Flucht in ein Versteck
- Zähneknirschen/Zähneklappern: Anzeichen großer Anspannung/Angst; Warnung, wenn in antagonistischem Kontext gezeigt
- Bellen: territorialer Warnlaut, wenn bei Auseinandersetzungen von Weibchen ausgestoßen; von Männchen vor allem in Zusammenhang mit Paarungsverhalten gezeigt
- Besonders männliche Tiere zeigen ein lautes Grunzen bei Auseinandersetzungen. Der Kontrahent entfernt sich daraufhin meist vom Rufer.

8.3.3 Erkennen von Schmerzen

Zeichen für Schmerz

Siehe [2]

- Aufplustern und ungewöhnlich langes Verharren in einer Position
- eingefallene Flanken durch starke Bauchmuskelanspannung (abdominaler Schmerz)
- Unruhe
- häufiges Ausstrecken des Körpers
- staksiger Gang
- Leerkauen (Zahnschmerzen)

Weitere Schmerzanzeichen

- schrilles Pfeifen
- Isolation von der Gruppe
- verringertes Interesse an Interaktionen mit bekannten Personen
- Lethargie
- Gewichtsverlust

8.3.4 Handling

Beim Handling ist darauf zu achten, dass auch ein Degu niemals am Schwanz hochgehoben werden darf. Die Haut reißt dort sehr leicht und Degus sind prinzipiell anfällig für Verletzungen am Schwanz.

Der Degu sollte mit zwei Händen, die eine Höhle bilden, umfasst bzw. hochgehoben werden.

Praxistipp

Handling in der Tierarztpraxis

- Degus niemals am Schwanz anfassen (Schwanzhaut kann leicht abreißen!)
- Degus immer mit zwei Händen höhlenartig umfassen
- ruhige, sanfte Stimmlage verwenden
- hektische Bewegungen von oben vermeiden
- Transport über sehr kurze Strecken (z. B. innerhalb der Praxis) in kleinen Gefäßen möglich (Öffnung mit Hand oder Deckel schließen)
- Einfangen entkommener Tiere, indem man sie in eine Röhre laufen lässt

8.4 Chinchillas

8.4.1 Körpersprache

Angstverhalten/Schreckreaktion

- Freezing (Erstarren): Tiere verharren bewegungslos auf einem Fleck.
- Fliehen
- Kot- und Urinabsatz

Droh- und Abwehrverhalten

- typische Drohhaltung: Stehen auf den Hinterbeinen mit nach vorne gebeugtem und langgestecktem Oberkörper, aber mit herabhängenden Vorderbeinen
- büschelweiser Abwurf von Fell zur Abwehr von Feinden
- Beißen
- Spritzen von Urin (v. a. Weibchen)

Sonstiges Verhalten

- Fellbeißen: mögliches Zeichen für Stress

8.4.2 Vokalisation

Chinchillas können nur wenig in den Ultraschallbereich, nämlich bis zu einer Frequenz von 32 kHz, hören [5]. Sie nehmen Töne zwischen 125 Hz und 16 kHz am besten wahr, was in etwa dem Hörspektrum des Menschen entspricht. Alle bislang beschriebenen Chinchilla-Laute sind mit dem menschlichen Ohr wahrnehmbar.

Abwehrlaute

- Zähneklappern
- Zischen
- kurzes Quäken
- „Husten" bzw. Schnalzen: meist von Kopfschütteln begleitet; vor allem zu hören, wenn ein Chinchilla bei einer Tätigkeit gestört wird oder wenn es skeptisch gegenüber einer sich nähernden Person ist.

Merke

Bei vorberichtlichem Husten bei gleichzeitig unauffälligen Atemwegen kann in der Regel von einem Abwehrhusten ausgegangen werden.

Warn- und Distresslaute

- Warnruf: setzt sich aus mehreren schrillen, lauten Einzellauten zusammen; wird abgegeben, wenn sich die Chinchillas erschrecken und/oder eine Bedrohung wahrnehmen; Artgenossen reagieren mit einer Flucht in Unterschlüpfe
- Panikschrei: wird bei Stress und hochgradiger Angst ausgestoßen

Sonstige Laute

- Positionslaut: Folge von mehreren leisen, hellen Tönen; Stimmfühlung mit anderen Gruppenmitgliedern, wird besonders häufig während des Erkundungsverhaltens abgegeben
- Lockruf: leises Gluckern; Chinchillas machen sich damit gegenseitig auf etwas Interessantes aufmerksam

8.4.3 Erkennen von Schmerzen

Mögliche Anzeichen für Schmerzen

- Alopezie [1]
- Zurückhaltung bei Interaktionen [11]
- Zähneknirschen [6]
- kauernde Sitzposition mit allen Beinen unter dem Körper [6]
- langsames oder übertriebenes Kauen [6]
- hängende Ohren (auch im hellwachen Zustand)
- stumpfes Fell
- Anorexie
- Gewichtsverlust
- Veränderungen im Gangbild
- Salivation/Bepföteln des Maules (v. a. bei Zahnproblemen)
- Aggression

Stressbedingt kann es zudem zu Haarverlusten [1] sowie zu einer erhöhten Anfälligkeit für Dermatomykosen kommen.

8.4.4 Handling

Chinchillas können zur Abwehr von Feinden büschelweise Fell abwerfen. Somit kann ein Chinchilla nicht sicher fixiert werden, wenn es nur am Fell gehalten wird.

Praxistipp

Handling in der Tierarztpraxis

- Halten Sie Chinchillas nie nur am Fell.
- Chinchillas niemals nur am Schwanzende festhalten (Haut kann abreißen)
- Chinchillas niemals nur an den Beinen festhalten (Verletzungen bei heftigen Abwehrreaktionen möglich)
- Handling: Chinchillas an der Schwanzwurzel fixieren, gleichzeitig den Brustkorb bzw. Körper mit der zweiten Hand stützen
- Manchen Tieren hilft es, wenn sie ihren Kopf in der Armbeuge des Untersuchers verstecken können.
- Achtung: Probebiss in hingestreckte Hand/Finger möglich (keine Aggression)

Literatur

[1] Bartl J. Chinchillas – die Pferde der Kleintierpraxis. hundkatzepferd 2012; 5/12: 42–45

[2] Beisswenger A. Degus. München: Gräfe&Unzer Verlag, 2009

[3] Chabout J, Sarkar A, Dunson D et al. Male mice song syntax depends on social contexts and influences female preferences. Front Behav Neurosci 2015; 9: Artikel 76. doi: 10.3 389/fnbeh.2015.00076

[4] Gärtner K, Militzer K. Zur Bewertung von Schmerzen, Leiden und Schäden bei Versuchstieren. Schriftenreihe Versuchstierkunde, Heft 14. Berlin, Hamburg: Verlag Paul Parey, 1993

[5] Heffner R, Heffner H. Behavioral hearing range of the chinchilla. Hear Res 1991; 52: 13–16

[6] Jonson D. Miscellaneous Small Mammal Behavior. In: Bays BT, Lightfoot T, Mayer J, eds. Exotic Pet Behavior – Birds, Reptiles, and Small Mammals. St. Louis: Elsevier, 2006

[7] Langford D, Bailey A, Chanda M et al. Coding of facial expressions of pain in the laboratory mouse. Nat Methods 2010; 7: 447–449

[8] Latham N. The Mouse. In: Tynes V, ed. Behavior of Exotic Pets. Chichester: Wiley-Blackwell, 2010: 91–103

[9] Long C. Vocalizations of the degu Octodon degus, a social caviomorph rodent. Bioacoustics 2007; 16: 223–244

[10] Schneider B, Döring D. Verhaltensberatung bei kleinen Heimtieren: Haltung, Normalverhalten und Behandlung von Verhaltensproblemen. Stuttgart: Schattauer, 2017: 146

[11] Sobie J. Chinchillas. In: Tynes V, ed. Behavior of Exotic Pets. Chichester: Wiley-Blackwell, 2010: 138–147

[12] Thomas H, Tillein J. Functional organization of the auditory cortex in a native Chillean rodent (Octodon degus). Biol Res 1997; 30: 137–148

9 Vögel

Barbara Schneider

Eine Vielzahl unterschiedlicher Vogelarten kann zum Patientenpool einer Tierarztpraxis gehören. So werden beispielsweise Groß- und Kleinpapageien als Heimtiere gehalten, aber auch Sperlingsvögel. Zudem bedürfen auch Wildvögel immer wieder einmal tierärztlicher Betreuung. Eine ausführliche Besprechung jeder einzelnen Vogelart sprengt aber bedauerlicherweise den Rahmen dieses Buches. Daher wird der Fokus in diesem Kapitel auf die häufigsten Ziervögelarten gelegt.

9.1 Allgemeines

Vögel reagieren in der Regel mit Fluchtverhalten auf eine unbekannte Situation [8]. Zudem zeigen sie sich reaktiv bei jeglichen unbekannten visuellen und akustischen Einflüssen. Häufig kommt es im Rahmen der „Flight-or-Fight"-Antwort zu einer kopflosen Flucht (Stress- und Schockreaktion), bei der sich der Vogel durchaus schwer verletzen kann. Es empfiehlt sich daher, auch für Vögel im Idealfall gesonderte Sprechstunden anzubieten bzw. wenn möglich eine Terminpraxis für Vogelpatienten zu haben.

9.1.1 Körpersprache

Vögel verwenden eine ganze Reihe körpersprachlicher Signale in der innerartlichen Kommunikation. Im Folgenden sind einige Signale aufgeführt, die bei vielen der normalerweise behandelten Vogelarten vorkommen und dem Tierarzt und Assistenten bekannt sein sollten. Diese Liste ist bei weitem nicht erschöpfend.

Angstverhalten

- Anlegen des Gefieders und Strecken (Vogel erscheint lang und schmal)
- Verlegung des Körperschwerpunkts weg von empfundener Bedrohung
- Ausweichen/Flucht
- Schreckmauser (Abwerfen großer Mengen an Federn)

Drohverhalten

- Großpapageien: „Blitzen der Pupille" (schnelles Verengen und Erweitern der Pupille, allgemeines Zeichen für Erregung, eher bei helläugigen Vögeln zu erkennen)
- Bei Kakadus und Nymphensittichen: Aufstellen der Haube (Nymphensittich: wenn Federn soweit aufgestellt sind, dass sie leicht nach vorne zeigen; Aufstellen der Haube ist ein allgemeines Zeichen für Erregung beim Kakadu)
- geöffneter Schnabel
- Spreizen der Schwanzfedern (auch generelles Zeichen für Erregung)

9.1.2 Vokalisation

Papageien können bei Abwehr sehr laute Schreie ausstoßen. Ein entsprechender Gehörschutz (S. 109) sollte somit getragen werden.

- Alarmschrei (kurzer, schriller Schrei)
- Knurren oder Fauchen als Drohung
- Angstschrei

9.1.3 Erkennen von Schmerzen

Vögel besitzen ein nur sehr gering ausgeprägtes subjektives Schmerzäußerungsvermögen, welches in der Regel auch noch durch den übergeordneten Fluchtreflex kaschiert wird. Zudem müssen bei der Beurteilung von Schmerzen verschiedenste Faktoren, wie beispielsweise Spezies, Geschlecht, Alter, Umgebung und aktuelle Erkrankungen berücksichtigt werden [5]. Vielen Besitzern und auch Tierärzten fällt es daher verständlicherweise schwer, Schmerzen bei Vögeln sicher zu erkennen. Daher werden Vögel häufig nicht ausreichend gegen Schmerz behandelt. Bei ersten erkennbaren Schmerzanzeichen sollte daher aus Tierschutzgründen immer eine Schmerztherapie erfolgen, auch wenn vielleicht zu diesem Zeitpunkt die zugrunde liegende Erkrankung noch nicht diagnostiziert sein sollte.

Vögel zeigen Schmerzen oft nur auf subtile Art und Weise, beispielsweise durch ein aufgeplustertes Federkleid oder eine erhöhte Atemfrequenz [6].

Das sehr empfehlenswerte Infoblatt zur Schmerzerkennung beim Vogel der Initiative tiermedizinische Schmerztherapie [1] beschreibt folgende mögliche Schmerzanzeichen anhand veränderten Verhaltens bzw. veränderter Körpersprache:

Erkennen von Schmerzen aufgrund des Verhaltens

- vermindertes Singen oder Sprechen
- Sitzen auf dem Käfigboden
- Picken oder Federrupfen im Bereich der schmerzhaften Region
- Abwehrbewegungen
- Schmerzlaute
- höhere Atemfrequenz
- Aggressivität
- Appetitlosigkeit
- Trägheit
- vermindertes oder vermehrtes Putzen
- vermehrtes Federpicken
- ungewöhnliche Zutraulichkeit oder Absonderung

Erkennen von Schmerzen aufgrund von Körpersprache/Aussehen

- herabhängender Flügel
- angezogener Fuß (bei geöffneten Zehen)
- zusammengekniffene Augenlider
- hochgezogenes Unterlid
- stark aufgeplustertes Gefieder (dabei ist die Silhouette eines Vogels, der sich vor Schmerzen aufplustert, weniger „rund" als die eines Vogels, der sich aufgrund von Kälte plustert)
- aufgestelltes Rückengefieder

Mögliche Anzeichen für Schmerzen bei Psittaciden

Lightfoot u. Nacewicz [3] beschreiben folgende Signale:

- Vokalisation und Ausweichen bei Palpation schmerzhafter Stellen
- Weigerung sich zu bewegen
- Anorexie
- exzessive Faszikulationen (d. h. unwillkürliche, unter der Haut sichtbare Bewegungen kleiner Muskelbündel ohne wesentlich erkennbaren Bewegungseffekt)

Paul-Murphy [5] beschreibt folgende Verhaltensweisen als deutlichste Schmerzanzeichen:

- reduzierte soziale Interaktionen (z. B. Vogel sitzt abseits, vermindertes Putzen der eigenen Federn, aber auch vermindertes Putzen von anderen Vögeln, reduzierte Interaktionen mit dem Besitzer)
- Schonhaltung (Haltungsänderung, um schmerzhafte Stelle zu schützen, reduzierte Aktivität)
- verstärkte Aggression (gegen Artgenossen und/oder Besitzer)
- auffälliges Putzverhalten (an schmerzhafter Stelle oder generell, Federbeschädigungen, Selbstmutilation)

9.2 Vorbereitung auf den Tierarztbesuch

9.2.1 Handzahmheit trainieren

Zur Auswirkung von Handling auf das Verhalten von Ziervögeln gibt es bislang kaum wissenschaftlich fundierten Studien. Es ist aber davon auszugehen, dass sich die Ergebnisse aus der Forschung mit Brieftauben und jagdlich geführten Greifvögeln in gewissem Rahmen auch auf andere Vogelspezies übertragen lassen. So sind Brieftauben, die häufig fachgerecht gehandelt wurden, unter Umständen auch bei einem Handling in der Tierarztpraxis ruhiger, und ihre Atem- und Herzfrequenz verändert sich kaum [4]. Jagdlich geführte Falken, die regelmäßiges Handling gewöhnt sind, haben ebenfalls im Gegensatz zu wenig gehandelten Tieren beispielsweise eine deutlich niedrigere Herzfrequenz bei einer Untersuchung [7].

Bei als Heimtieren gehaltenen Vögeln sollte daher wenn möglich versucht werden, eine Handzahmheit zu erreichen. Dies hilft sehr dabei, den Stress, der mit einem Handling in der Tierarztpraxis verbunden ist, zu reduzieren.

Das Erreichen der Handzahmheit gelingt mit viel Geduld, ruhigen Bewegungen und vielen, besonders schmackhaften Leckerlis bzw. begehrten Spielzeugen oder Lob. Im ersten Schritt muss der Vogel zunächst an die Anwesenheit des Menschen in Käfignähe gewöhnt werden. Das Tolerieren des Menschen sollte verbal belohnt werden. Dabei ist auf eine ruhige Stimmlage zu achten, um den Vogel nicht zu erregen. Wenn der Vogel beginnt unruhig zu werden, muss die Distanz zum Käfig wieder vergrößert werden. Nur so kann der Vogel lernen, dass von dem Menschen keine Gefahr ausgeht. Toleriert das Tier den Menschen schließlich direkt am Käfig, kann der nächste Schritt, nämlich die Gewöhnung an die Hand, erfolgen. Die Hand sollte anfangs langsam ein kleines Stück in den Käfig geschoben werden. Wenn der Vogel darauf mit panischer Flucht reagiert, dann muss der Versuch abgebrochen werden. In diesem Fall muss im ersten Schritt trainiert werden, dass die Hand am Käfig akzeptiert wird. Fliegt der Vogel bei der Hand im Käfig nicht davon, dann sollten Leckerbissen (oder bessser: Lob oder Spielzeug) angeboten werden. Die Hand muss ruhig liegen bleiben und sollte den Vogel nicht durch plötzliche Bewegungen erschrecken. Dies wird täglich für 5–10 Minuten gemacht. Sobald der Vogel sich traut, Leckerlis oder Spielzeuge in direkter Nähe der Hand zu nehmen, kann die Belohnung auch in der Hand gehalten werden. Gleichzeitiges Sprechen in einer ruhigen, sanften Stimmlage ist ebenfalls sinnvoll. Schließlich wird der Vogel auch auf der Hand sitzen, um begehrte Belohnungen zu erhalten (► **Abb. 9.1**).

► **Abb. 9.1** Wenn ein gutes Vertrauensverhältnis zum Besitzer besteht, kommt ein Vogel auch ohne Kommando auf den dargebotenen Finger. (Quelle: Stephan Vollmar, München.)

9.2.2 Einfangen und fixieren trainieren

Das Einfangen und Handling ist für kleine Schwarmvögel überaus aufwendig zu trainieren. Daher ist es eigentlich nur sinnvoll, wenn der entsprechende Vogel regelmäßig gehandelt werden muss, beispielsweise um den Schnabel zu kürzen. Sind kleine Schwarmvögel dies nicht gewöhnt, sollte das Einfangen und Handeln – für sie möglichst stressarm – im Idealfall in einem dunklen Raum durchgeführt werden.

Bei Großpapageien kann es dagegen durchaus sinnvoll sein, ein Einfangen und Fixieren vorab schrittweise zu üben, um den Stress für den Vogel und auch die Wahrscheinlichkeit für Verletzungen beim Praxispersonal zu reduzieren. Voraussetzung für dieses Training ist es, dass der Vogel bereits an die Hand im Käfig und an seinen Besitzer gewöhnt ist. Das Trainieren des Einfangens sollte immer spielerisch geschehen und mit viel Lob und Leckerlis bzw. Spielzeugen unterstützt werden.

In einem ersten Schritt kann beispielsweise trainiert werden, dass der Vogel auf Kommando (S. 107) auf den Finger des Besitzers steigt. Klappt dieser Schritt, kann das sanfte Fixieren des Kopfes mit Daumen und Zeigefinger geübt werden. Dabei ist es wichtig, immer in kleinen Schritten voranzuschreiten, in der individuellen Lerngeschwindigkeit des jeweiligen Papageis. Jegliches ruhige und angstfreie Verhalten sollte großzügig belohnt werden.

9.2.3 Kommandos trainieren (für Großpapageien)

Das Trainieren von Kommandos ist bei Großpapageien, wenn es ausschließlich mit positiven Methoden (z. B. Clickertraining) durchgeführt wird, zusätzlich als gute mentale Auslastung bzw. Enrichment zu sehen.

Die Kommandos „Auf!“ und „Ab!“ sind besonders sinnvoll, da sie es erlauben handzahme Vögel stressfrei aus dem Transportkäfig zu entnehmen und wieder hineinzusetzen. Idealerweise wird dies mithilfe des Clickertrainings (S. 35) trainiert.

Eine Möglichkeit ist es, bei einem derart trainierten Vogel den Finger (bzw. die Handkante) in den Käfig zu schieben und ihn so zu halten, dass es für den Vogel leicht ist, auf ihn wie auf eine Sitzstange aufzusteigen. Es ist dabei wichtig, den Finger ruhig zu halten und keine plötzlichen Bewegungen zu machen, die den Vogel erschrecken könnten. Die Belohnung und der Clicker sollten sich in der anderen Hand befinden. Bei scheuen Vögeln sollte anstatt der Hand eine Stange dargeboten werden, um Verletzungen durch Bisse zu verhindern.

Anfangs wird jede Annäherung an den Finger bzw. die Stange mit Click und Leckerbissen belohnt. Wenn der Vogel sich schließlich ohne zu zögern dem Finger nähert, auch wenn er sich in einiger Entfernung befindet, dann ist es Zeit für den nächsten Schritt. Jetzt wird erst belohnt, wenn der Vogel tatsächlich auf den Finger aufsteigt. Es kann dabei sinnvoll sein, zunächst eine „Jackpot“-Belohnung zu geben, um die Lerngeschwindigkeit zu erhöhen. Hat der Vogel diesen Schritt verstanden, dann kann ein entsprechendes Kommando (z. B. „Auf!“ oder „Step up!“) hinzugefügt werden.

Das Kommando „Ab!“ oder „Steig ab!“ wird am besten trainiert, indem der auf dem Finger sitzende Vogel neben einen Gegenstand gehalten wird, auf dem er normalerweise gerne sitzt (z. B. Sitzstange). Sobald er vom Finger absteigt, wird er mit einem Click und einem Leckerli belohnt. Wenn er nach mehreren Wiederholungen sicher verstanden hat, dass er absteigen soll, dann sollte das Wortsignal hinzugefügt werden. Selbstverständlich kann der Vogel auch neben eine Sitzstange gehalten werden und das Kommando „Auf!“ erhalten, um auf die Sitzstange zu steigen. Dies kann verwendet werden, wenn das „Auf!“-Signal nicht ausschließlich für den Finger gelten soll.

! Merke
Die Trainingsgeschwindigkeit ist dem jeweiligen Vogel individuell anzupassen.

9.2.4 Transportkäfig

Prinzipiell ist es am stressärmsten für einen Vogel, im Heimatkäfig zum Tierarzt gebracht zu werden. Da Vögel jedoch einen großen Platzbedarf haben und generell in großen Volieren oder Vogelzimmern gehalten werden sollten (siehe beispielsweise Merkblätter der Tierärztlichen Vereinigung für Tierschutz e. V.), ist es in der Regel nicht möglich, den Heimatkäfig zu transportieren. Außerdem besteht in einem großen Käfig eine nicht unerhebliche Verletzungsgefahr für Vögel. Aus diesen Gründen sollte man einen Transportkäfig (besser: eine Transportschachtel) verwenden. Zudem lassen sich die Vögel in der Praxis in der Regel leichter und somit stressärmer aus einer kleinen Schachtel bzw. einem kleinen Käfig (► **Abb. 9.2**) herausfangen, wenn sie nicht handzahm sind.

Als Transportbehältnis besonders geeignet sind Pappschachteln, die es dem Vogel gerade nicht erlauben seine Schwingen voll zu entfalten. In solchen Behältern ist die Verletzungsgefahr während des Transports am geringsten. Außerdem werden so vor allem visuelle Reize gut eingeschränkt. Selbstverständlich muss die Schachtel mit Luftlöchern versehen sein. Wenn keine passende Schachtel zur Hand ist, können eventuell auch kleine Käfige, die routinemäßig als Futter- oder Schlafkäfige dienen, verwendet werden. Die Vögel kennen sie und fühlen sich darin wohl. Mit einem besonderen Leckerbissen (z. B. Kolbenhirse) lassen sich die Vögel meist leicht hineinlocken. Näpfe sowie Spielzeuge müssen wegen der Verletzungs-

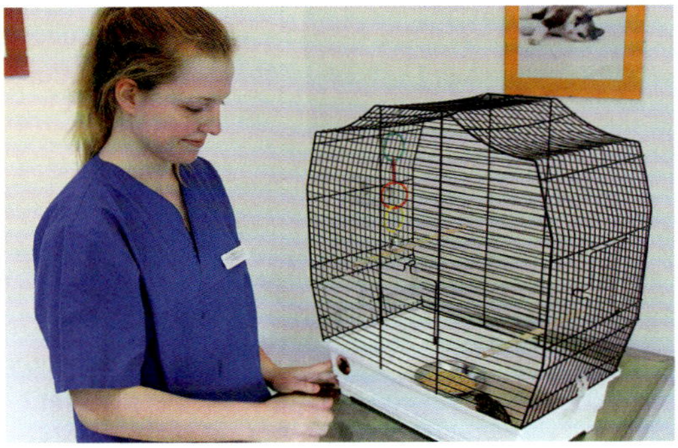

► **Abb. 9.2** Aus einem kleinen (Transport-)Käfig kann ein nicht handzahmer Vogel stressärmer herausgefangen werden als aus einer großen Voliere. (Quelle: Dr. Ilona Backofen, Dietenheim.)

gefahr vor dem Transport entfernt werden. Gleiches gilt für Sitzstangen, außer bei Finkenvögeln.

Diese Käfige müssen für den Transport und die Zeit im Wartezimmer zwingend mit einem Tuch abgedeckt werden. Das Tuch sollte dabei eher hell sein, um eine deutliche Sichteinschränkung (und somit Reizreduzierung) zu erreichen, ohne allerdings dabei den Käfig so stark zu verdunkeln, dass der Vogel Orientierungsprobleme bekommt.

Während Transport und Wartezeit in der Praxis sollte für den Vogel zudem seine gewohnte und angenehme Umgebungstemperatur geschaffen werden. Dies kann beispielsweise durch das Verwenden einer Decke zur Abdeckung des Käfigs geschehen. Hier ist jedoch wieder darauf zu achten, dass die Decke den Käfig nicht zu sehr verdunkelt. Bei einem Transport bei warmem Wetter ist einer Überhitzung durch entsprechende Lüftung oder Kühlung entgegen zu wirken.

Der Boden des Transportkäfigs sollte mit einer dicken Lage Zellstoff oder Papier ausgelegt werden. Dies erlaubt dem Vogel ein bequemeres Sitzen auf dem Boden und gibt ihm einen gewissen Halt. Zudem können Ausscheidungen auf diesem Untergrund besser beurteilt werden.

Praxistipp

Was zum Tierarztbesuch mitgenommen werden sollte

- Pappschachtel mit Luftlöchern oder helles Tuch zur vollständigen Abdeckung des Transportkäfigs
- Decke als Schutz gegen kalte Witterung und für zusätzliche Wärme
- eine dicke Lage Papier oder Zellstoff als Unterlage
- beliebtes Futter und Lieblingsspielzeug (separat vom Transportbehältnis)
- Partnervogel (v. a. bei längerem und stationärem Aufenthalt)

9.3 Situationen in der Tierarztpraxis

Die meisten als Heimtiere gehaltenen Vögel sind Beutetiere und sollten nach Möglichkeit getrennt von Hunden und Katzen in einem Wartezimmer untergebracht werden. Sie müssen immer auf einem erhöhten Ort abgestellt werden, und der Käfig sollte mit einem (hellen) Tuch vollkommen bedeckt sein, um die visuellen Reize einzuschränken und die Wahrscheinlichkeit für kopfloses Fluchtverhalten zu reduzieren.

Ruhe, gedimmtes Licht und langsame Bewegungen sind in den Behandlungsräumen wichtig, um ein möglichst stressarmes Handling zu gewährleisten.

9.3.1 Handling

Umgangsregeln

Vögel sind äußerst stressempfindlich – vor allem, wenn sie ein Handling nicht gewöhnt sind. Besonders bei kleinen, bereits vorerkrankten Vögeln gibt es daher das Risiko, dass sie beim Handling einen stressbedingten Tod erleiden. Darüber muss der Besitzer vorab umfassend aufgeklärt werden. Gerade bei derart anfälligen Vögeln ist ein korrektes Handling äußerst wichtig, um solchen Problemen so gut wie möglich vorzubeugen.

Tierarzt und Assistent sollten zudem vorab notwendige Maßnahmen zum Eigenschutz ergreifen. Dazu gehört u. a. das Bereithalten von dicken Lederhandschuhen bei Großpapageien, die durchaus schwere Verletzungen durch Beißen zufügen können. Auch ein Holzlöffel (Holzspatel bei kleineren Vögeln) sollte bereit liegen, damit sich der Vogel notfalls darin verbeißen kann. Auch ein passendes Handtuch oder Zellstofftuch sollte in Reichweite sein. Um eine Übertragung von Krankheiten zu verhindern, müssen diese Gegenstände selbstverständlich nach jedem Patienten durch saubere ersetzt werden.

Praxistipp
Notwendige Schutzmaßnahmen für Tierarzt und Assistent [4]

- Muss ein Papagei während der Quarantäne bzw. bei Verdacht auf Zoonose untersucht werden, so sollte eine Nasen-Mund-Maske getragen werden, um das Übertragungsrisiko für eine Chlamydiose zu verringern.
- Da Papageien sehr laut sein können, empfiehlt sich evtl. die Verwendung von entsprechendem Gehörschutz (wie z. B. beim Sportschießen üblich).

Vorbereitung

Im Behandlungsraum sollten sich keine Gegenstände befinden, die dem Vogel gefährlich werden können, wenn er entkommt. Daher sollten beispielsweise elektrische Ventilatoren oder heiße Heizkörper entfernt bzw. abgeschaltet werden.

Der Käfig ist auch im Behandlungsraum zwingend erhöht abzustellen, um dem Vogel mehr Sicherheit zu vermitteln. Das Licht ist zu dimmen. Zusätzlich sollte die Möglichkeit zur fast vollständigen Abdunkelung des Raumes gegeben sein (z. B. notfalls im Röntgenraum).

Der Vogel sollte zunächst Zeit bekommen, sich schrittweise mit der Umgebung im Behandlungsraum vertraut zu machen. Dazu öffnet man die Abdeckung des Käfigs zunächst nur auf einer Seite.

Merke
Ein Beugen über den Käfig ist strikt zu vermeiden, um die Wahrscheinlichkeit für kopflose Fluchtreaktionen zu reduzieren.

Abhängig von der Reaktion des Vogels kann dann das Tuch schrittweise entfernt werden, bis es schließlich gänzlich weggenommen wird.

Während der Anamnese wird der Vogel am besten in Ruhe gelassen und im geschlossenen Käfig beobachtet. Ein Betrachten von vorne oder von oben sollte dabei vermieden werden, da es als Bedrohung empfunden werden kann. Es kann dadurch zu Schockreaktionen kommen oder auch bei Greifvögeln einen Angriffsreflex auslösen. Vor dem Herausfangen ist das weitere Vorgehen zwischen Tierarzt und Assistent genau abzusprechen, und alle evtl. benötigten Utensilien sind bereitzulegen. Auf diese Weise wird auch die Zeitspanne, die der Vogel gehalten werden muss, verkürzt und somit der Stress für den Patienten reduziert.

Zusätzlich sollte ein Netz (Kescher) zur Hand sein, um den Patienten einfangen zu können, falls er zu irgendeinem Zeitpunkt entkommt.

Darüber hinaus sind selbstverständlich vor dem Öffnen des Transportkäfigs alle Fenster und Türen sicher und vollkommen zu schließen. Fenster sollten zudem mit Gardinen oder Jalousien verhängt werden. Dies ist als Vorsichtsmaßnahme zu sehen, damit der Vogel, falls er doch entkommt, nicht auf die Scheiben zufliegt, sondern die Barriere klar erkennen kann. Mattierte Scheiben können hier ebenfalls hilfreich sein. Der Käfig bzw. Transportbehälter sollte nicht in der Nähe von Tischkanten oder Türstöcken geöffnet werden, um Schwingenfrakturen durch Flattern und andere Abwehrbewegungen zu vermeiden. Im Käfig sollten alle Gegenstände (z. B. Spielzeuge, Sitzstangen) entfernt werden, an denen sich der Vogel beim Herausfangen verletzen könnte.

Merke
Fliehende Vögel fliegen in der Regel direkt auf durchsichtige Scheiben bzw. auf Licht zu und können sich bei einem Aufprall schwer verletzen. Daher sind Fenster immer mit Vorhängen, Jalousien etc. abzudecken, bevor ein Vogel aus dem Käfig entnommen wird.

Befinden sich im Transportkäfig nur enge Flügeltüren, die ein Herausfangen erheblich erschweren, kann es sinnvoll sein, den Patienten durch die Bodenöffnung des abgenommenen Käfigoberteils hindurch einzufangen. Da hier jedoch eine erhöhte Gefahr für ein Entkommen des Vogel oder des mitgebrachten Partnertieres gegeben ist, muss hierbei äußerst vorsichtig vorgegangen werden.

Vögel können mitunter auf den Geruch von Beutegreifern an den Händen des Handlers mit Abwehr reagieren [8]. Vor dem Handling sind die Hände daher besonders gründlich zu waschen und zu desinfizieren, um jeglichen Geruch von Beutegreifern zu eliminieren. Mit dem Anfassen sollte aber einige Zeit gewartet werden, bis der Geruch des Desinfektionsmittels verflogen ist.

Herausfangen und fixieren

Wenn Großpapageien das Handling durch ihren Besitzer gewöhnt sind und sich auch während der Beobachtungszeit im Behandlungsraum ruhig verhalten haben, kann im Einzelfall versucht werden, den Vogel auf die Hand des Besitzers treten zu lassen, um ihn aus dem Käfig zu entfernen. Aber auch wenn der Papagei auf der Hand des Besitzers ruhig ist, kann es sein, dass er sich nicht von einer unbekannten Person anfassen (und fixieren) lassen will. Er zeigt dies beispielsweise durch ein Weglehnen von der unbekannten Person. Das Fangen von der Hand oder der Schulter des Besitzers kann durchaus problematisch sein und sollte daher nicht der Standard sein. Ein Fixieren sollte in der Regel durch eine darin erfahrene Person erfolgen und nicht durch den Besitzer [2].

Dem Papagei sollten nach Möglichkeit beliebte Leckerbissen angeboten werden, bevor er vom Tierarzt oder Assistenten für die Untersuchung oder Behandlung fixiert wird. Dies kann dazu beitragen, die Angst des Vogels zu reduzieren [8].

Wenn kleine Ziervögel – wie beispielsweise Wellensittiche, Kanarienvögel oder Finken – aus dem Transportkäfig gefangen werden sollen, dann sollte dies in einem abgedunkelten Raum geschehen. Hier sind die Vögel ruhiger und lassen sich regelrecht von der Sitzstange „abpflücken". Diese kleinen Vögel werden in der Regel nicht auf einem Finger sitzen bleiben und müssen daher außerhalb des Käfigs immer fixiert werden.

Bei der Fixierung ist die Ruhigstellung des Kopfes wichtig, um Verletzungen durch Bisse bei Untersucher und Praxisteam vorzubeugen.

Mit Daumen und Zeigefinger einer Hand wird der Vogel am Unterkiefer fixiert. Es ist darauf zu achten keinen Druck auf die Augen auszuüben. Die Flügel werden mit den restlichen Fingern sanft an den Körper gedrückt (sog. **Zangengriff**, ▶ **Abb. 9.3**). Das Sternum bleibt frei, damit die Atmung nicht behindert wird.

! Merke

Vögel haben kein Zwerchfell; sie sind für ihre Atmung zwingend auf die Brustbeinbewegung angewiesen.
Beim Fixieren von Vögeln ist daher Folgendes zu beachten:

- **Der Hals sollte so gerade wie möglich gehalten werden, um die Trachea nicht abzuknicken.**
- **Die notwendige Bewegung des Sternums (zur Füllung der pulmonalen Luftsäcke) darf nicht behindert werden.**
- **Es darf kein Druck auf das Abdomen ausgeübt werden.**
- **Der Vogel sollte nicht unnötig lange in Rückenlage verweilen müssen [2].**

Für Behandlungen müssen die Beine fixiert werden, aber für eine Untersuchung im sogenannten Zangengriff (▶ **Abb. 9.3**) kann dem Vogel der kleine Finger als eine Art Sitzstange zum Greifen angeboten werden, um das Fixieren angenehmer zu gestalten.

Soll noch ein Finger frei bleiben für Manipulationen, so empfiehlt sich der sogenannte **Scherengriff**. Der Kopf wird dabei mit Zeige- und Mittelfinger im oberen Halsbereich wie in einer Schere fixiert. Der Daumen bleibt für Manipulationen frei.

▶ **Abb. 9.3** Fixierung eines kleinen Vogels (Sperling) mit einer Hand im sogenannten Zangengriff. Beachte, dass der Hals gerade gehalten wird und das Sternum frei beweglich ist. (Quelle: Dr. Ilona Backofen, Dietenheim.)

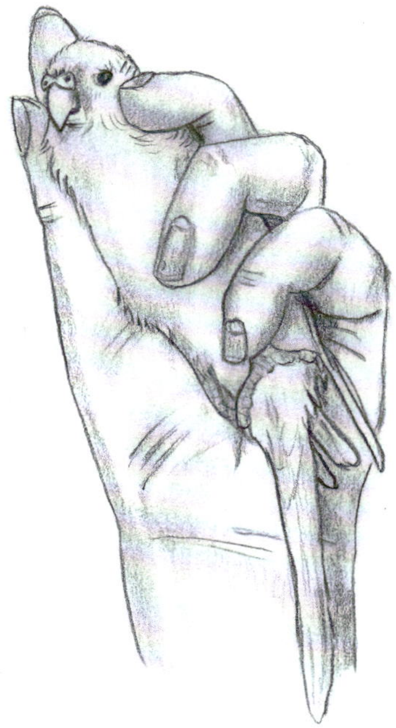

▶ **Abb. 9.4** Bei größeren Vögeln wird der Kopf mit dem sogenannten Kappengriff noch sicherer fixiert. (Zeichnung: Dr. Dorothea Döring, München)

Bei etwas größeren Vögeln, oder wenn der Kopf noch sicherer fixiert werden soll, wird der Kopf mit Daumen und Mittelfinger am Unterkiefer fixiert, während der Zeigefinger wie eine Kappe auf dem Kopf liegt (sog. **Kappengriff**, ▶ **Abb. 9.4**). Die restlichen Finger fixieren die Flügel locker am Körper.

Bei kleinen oder mittelgroßen Papageien müssen mit der zweiten Hand des Handlers die Füße fixiert werden. Die Beine werden dabei auf Höhe Tibiotarsus fixiert, wobei Daumen und Zeigefinger das eine Bein, Zeige- und Mittelfinger das zweite Bein halten [8].

Großpapageien sollten immer, besonders aber wenn sie das Handling nicht gewöhnt sind oder aggressiv bzw. mit Alarmschreien reagieren, mithilfe eines Tuches aus dem Transportkäfig gefangen werden. Es empfiehlt sich, das Tuch dabei zunächst so über die Hand auszubreiten, dass zwischen Daumen und Zeigefinger eine Falte entsteht. Will der Patient angreifen, so beißt er in der Regel in diese Falte [4]. Währenddessen kann der Kopf mit Daumen und Zeigefinger an der Basis des Unterschnabels fixiert werden. Das Handtuch wird dann um die Flügel gelegt. Es ist darauf zu achten die Flügel nicht zu beschädigen. Eine Fixierung mithilfe eines Handtuchs darf nicht zu lange dauern, um eine Überhitzung des Patienten zu verhindern [8].

Beim Zurücksetzen eines Papageis kann man den Oberschnabel an einer waagrechten Sitzstange einhaken [4]. Ergreift der Vogel diese Stange, kann die Hand meist gefahrlos aus dem Käfig zurückgezogen werden.

Entkommene Patienten

Da sich Vögel in der Regel bei Dunkelheit still verhalten, sollte der Raum abgedunkelt werden, wenn ein Vogelpatient in die Luft entkommen ist. Bei handzahmen Tieren sollte immer zunächst versucht werden, sie mit Leckerlis auf die Hand des Besitzers zu locken.

9.3.2 Stationärer Aufenthalt

Bei einem stationären Aufenthalt empfinden Vögel aufgrund der ungewohnten Umgebung und der häufig damit einhergehenden Isolation in der Regel deutlichen Stress. Auf möglichst viele vertraute Gegenstände (z. B. Lieblingsspielzeug oder bekannter Futternapf) ist somit bei der Einrichtung des stationären Käfigs zu achten. Mindestens ein gut bekanntes Partnertier sollte ebenfalls mit stationär aufgenommen werden, um den Stress für den Patienten zu reduzieren. Dies ist für Schwarmvögel in ganz besonderem Maße wichtig.

Wenn vorab bereits klar ist, dass dem Vogel ein Klinikaufenthalt bevorsteht, dann sollten die Besitzer gebeten werden, den Patienten mit seinem Partnertier zur Klinik zu bringen. Zusätzlich sollten sie einen möglichst großen (dem Vogel vertrauten) Käfig mitbringen. Dieser kann dann gleich als stationärer Käfig verwendet werden.

Da gerade Schwarmvögel einen gewissen Geräuschpegel in der Regel als angenehm empfinden, kann ausprobiert werden, ob das Abspielen von Vogelgezwitscher positive Auswirkungen auf die Vogelpatienten im stationären Bereich hat.

Zudem ist für gedämpftes Licht im Vogelbereich zu sorgen. Vögel müssen getrennt von Hunden und Katzen untergebracht werden.

Zusammenfassung

- Vögel zeigen ein Weglehnen, Anlegen des Gefieders, Flucht etc. (je nach Vogelart) als Angstverhalten. Alarm- und Angstschreie sind ebenfalls möglich.
- Ein Drohen kann u. a. mit Spreizen der Schwanzfedern, geöffnetem Schnabel und Fauchen oder Knurren erfolgen.
- Das Erkennen von Schmerzen ist bei Vögeln stets schwierig. Mögliche Beispiele für Schmerzanzeichen sind reduzierte soziale Interaktionen, Aggression, Schonhaltung oder auch Apathie.
- Idealerweise trainieren Besitzer von Großpapageien das Einfangen und Fixieren sowie das „Auf!"- und „Ab!"-Kommando in Vorbereitung auf den Tierarztbesuch. Auch eine Gewöhnung an den Transportkäfig sollte bei diesen Vögeln durchgeführt werden.
- Vögel sind sehr stressempfindlich.
- Vor dem Handling sollte der Vogel in Ruhe im Käfig beobachtet werden.
- Alle Fenster sind zu schließen und mit Vorhängen oder Jalousien zu verdecken, bevor ein Vogel aus dem Käfig entfernt wird.
- Zum Fixieren von Vögeln eignen sich die sogenannten Zangen-, Scheren- oder Kappengriffe mit der Hand. Das Brustbein muss frei bleiben, um die Atmung nicht zu behindern.
- Entkommt ein Vogel, sollte er im abgedunkelten Raum eingefangen werden. Bei handzahmen Vögeln ist zu versuchen sie mit Leckerbissen anzulocken.
- Im stationären Bereich müssen Vögel getrennt von Hunden und Katzen untergebracht werden. Der Käfig sollte mit möglichst vielen vertrauten Gegenständen bestückt sein. Ein Partnertier ist ebenfalls mit aufzunehmen.

Literatur

[1] ITIS – Initiative tiermedizinische Schmerztherapie. Merkblatt: „Hat mein Vogel Schmerzen?" Hannover: Schlütersche Verlagsgesellschaft, 2014. Im Internet: https://www.schmerz-bei-tieren.de/sites/default/files/2017-01/merkblatt6_vogel_0.pdf; letzter Zugriff: 18.06.2018

[2] Kaleta E, Neumann U. Prophylaxe, Diagnose, Therapie. In: Kaleta E, Krautwald-Junghanns M-E, Hrsg. Kompendium der Ziervogelkrankheiten. 4. Aufl. Hannover: Schlütersche Verlagsgesellschaft, 2011,

[3] Lightfoot T, Nacewicz C. Psittacine Behavior. In: Bays BT, Lightfoot T, Mayer J, eds. Exotic Pet Behavior – Birds, Reptiles, and Small Mammals. St. Louis: Elsevier, 2006

[4] Lumeji J. Vögel. In: Rijnberk A, van Sluijs F, Hrsg. Die richtige Diagnose in der Kleintierpraxis: Untersuchung und Befunderhebung. Hannover: Schlütersche VerlagsGmbH, 2011

[5] Paul-Murphy J. Pain Management for the Pet Bird. In: Gaynor J, Muir J, eds. Handbook of Veterinary Pain Management. 2nd ed. St. Louis: Mosby Elsevier, 2009

[6] Stasiak K, Maul D, French E et al. Species-specific assessment of pain in laboratory animals. J Am Assoc Lab Anim Sci 2002; 42: 13–20

[7] Straub J, Forbes N, Pees M et al. Effect of handling-induced stress on the results of spectral Doppler echocardiography in falcons. Res Vet Sci 2003; 74: 119–122

[8] Todd-Jenkins K, Dugan B, Remsburg D et al. Restraint and Handling of Animals. In: Bassert J, Thomas J, eds. McCurnin's Clinical Textbook for Veterinary Technicians. 9th ed. St. Louis: Elsevier, 2017

10 Anhang

Im Folgenden finden sich Beispiele für Handouts, die Klienten mitgegeben werden können.

10.1 Gewöhnung an Autofahrt (Hund/Katze)

Gewöhnung an Autofahrt (Hund/Katze)

Barbara Schneider

Grundsätzliches

Wenn Ihr Tier immer nur dann Auto fährt, wenn es zum Tierarzt muss, wird es eine negative Verknüpfung mit dem Auto herstellen. Daher sollten Sie grundsätzlich so häufig wie möglich Autofahrten unternehmen, die mit einem positiven Erlebnis für Ihr Tier enden, wie z.B. einem entspannten Spaziergang bei Hunden oder einem Spiel mit der Katzenangel bzw. Freilauf im Garten bei Katzen.

Gewöhnungstraining

Nehmen Sie sich täglich 5 – 10 Minuten Zeit für das Gewöhnungstraining. Sie sollten damit rechnen, dass dieses Training manchmal Tage oder im Einzelfall auch Wochen in Anspruch nehmen kann. Lassen Sie sich dadurch nicht entmutigen und bleiben Sie geduldig.

Es ist dabei wichtig, dass Sie immer in der Geschwindigkeit Ihres Tieres voranschreiten. Gehen Sie nur dann zum nächsten Schritt über, wenn Ihr Tier ruhig bleibt. Wenn Ihr Tier Angstverhalten zeigt, zwingen Sie es nicht, sondern gehen Sie einen Schritt im Programm zurück und machen Sie kleinere Schritte.

Es bietet sich an, besonders anfangs zu zweit zu sein, sodass eine Person die Belohnung verabreichen kann, während die zweite Person sich auf das Autofahren konzentriert.

- Lassen Sie Ihr Tier das stehende, ausgeschaltete Auto in Ruhe erkunden.
- Füttern Sie Ihrem Tier besonders schmackhafte Leckerbissen neben dem Auto (bei nicht futtermotivierten Tieren: Belohnen Sie Ihr Tier anstelle von Leckerlis mit etwas anderem, was es besonders gerne mag: Lob, streicheln, spielen etc.).
- Belohnen Sie Ihr Tier im Auto.
- Belohnen Sie Ihr Tier für ruhiges Verhalten mit Leckerlis (oder Lob, streicheln, spielen etc.), wenn es im Auto abfahrbereit fixiert ist (z.B. angeschnallt, im Katzenkorb, in der Kofferraumbox etc.).
- Belohnen Sie Ihr Tier, während Sie den Motor kurz (anfangs nur für wenige Sekunden) starten. Schalten den Motor wieder aus, bevor Ihr Tier sich aufregt.
- Fahren Sie ein paar Meter mit dem Auto, während Ihr Tier eine erwünschte Belohnung zur Verfügung hat.
- Belohnen Sie Ihr Tier, während Sie einmal „um den Block“ fahren.
- Dehnen Sie schrittweise die Autofahrten aus. Vergessen Sie dabei nicht, Ihr Tier immer wieder für ruhiges Verhalten zu belohnen. Sorgen Sie dafür, dass am Ende der Autofahrt immer etwas Tolles für Ihr Tier passiert.
- Unternehmen Sie immer wieder Fahrten mit Ihrem Tier, die in einem positiven Erlebnis enden, auch wenn Ihr Tier mittlerweile ruhig im Auto sitzt.

Mit besten Empfehlungen überreicht durch:

10.2 Liegeplatztraining

Liegeplatztraining

Daphne Ketter

Grundsätzliches

Es gibt viele Situationen, in denen es gut wäre, wenn der Hund entspannt auf einem Platz verweilen würde. Um dies zu erreichen, gibt es unterschiedliche Trainingsmöglichkeiten.

Eine Möglichkeit besteht darin, das Liegeplatztraining mit einem Hilfsmittel (z.B. einer Decke) zu gestalten. Grundvoraussetzung für das hier vorgestellte Liegeplatztraining sind die Signale (Kommandos) „Platz" und „Bleib".

Liegeplatztraining mit Decke

Zuerst wird die Decke an einen für den Hund angenehmen Ort gelegt. Die Decke soll ein Ort zur Entspannung und kein Strafplatz sein. Außerhalb des Liegeplatztrainings wird die Decke weggeräumt.

- Zum Erlernen des Signals, auf die Decke zu gehen, wird der Hund anfangs dorthin gelockt, indem Leckerlis auf die Decke geworfen werden. Somit wird die Decke interessant für den Hund und er lernt, dass der Aufenthalt dort positiv ist.
- Hierbei kann das Signal „Decke" eingeführt werden. Auf Feinheiten ist dabei zu achten. So sollte der Hund vollständig auf der Decke (z.B. mit allen vier Pfoten und nicht nur mit drei) sein.
- Klappt das Kommando „Decke" gut, kann diese Aktion mit dem Kommando „Bleib!" kombiniert werden. Der Hund darf erst dann die Decke wieder verlassen, wenn ihm ein Auflösungskommando (z.B. „Lauf!") gegeben wird.
- Wenn der Hund sehr unruhig auf der Decke stehen bleibt, kann auch mit den Kommandos „Platz!" und „Bleib" trainiert werden. Das Ziel dieses Trainings ist jedoch nicht, dass der Hund im „Platz!" auf seiner Decke bleibt, sondern eine entspannte Position auf der Decke einnimmt.
- Der Hund wird für das Bleiben auf der Decke belohnt. Schrittweise wird die Verweildauer auf der Decke verlängert.
- Sollte der Hund sich von der Decke entfernen, bevor das „Bleib!" aufgelöst wurde, muss die Verweildauer auf der Decke wieder kürzer gewählt werden. Außerdem muss darauf geachtet werden, dass der Hund belohnt wird, bevor er Anzeichen zeigt die Decke verlassen zu wollen. Sollte es zwischendurch doch einmal passieren, dass der Hund von selbst die Decke verlässt, sollte er dafür auf keinen Fall bestraft werden (kein Schimpfen, keine Gewaltanwendung).
- Am Anfang sollten Sie noch in der Nähe des Hundes bleiben. Im weiteren Verlauf des Trainings wird die Distanz zwischen dem Hund und Ihnen erhöht. Beginnt man mit der Erhöhung der Distanz, wird die Dauer des Verweilens auf der Decke anfänglich wieder kürzer gewählt. Wenn Sie außerhalb des Blickfeldes des Hundes sind, kann es wiederum nötig sein, die Verweildauer auf der Decke anfänglich sehr gering zu halten.
- Klappt das Liegeplatztraining zu Hause gut, kann mit der Decke an anderen Orten geübt werden. Auch hier gilt, dass die Verweildauer auf der Decke anfänglich kurz gehalten und erst langsam gesteigert wird. Der Ablenkungsgrad (z.B. durch Geräusche, Gerüche, Menschen, Artgenossen etc.) sollte ebenfalls nur langsam erhöht werden. Das Training ist erfolgreich, wenn der Hund sich auch an dem „neuen" Ort entspannt auf der Decke verhält.

Mit besten Empfehlungen überreicht durch:

10.3 Maulkorbtraining

Maulkorbtraining

Daphne Ketter

In zahlreichen Situationen ist es notwendig, dass der Hund einen Maulkorb trägt. So besteht u.a. sowohl im Inland als auch im Ausland bereits in vielen öffentlichen Verkehrsmitteln Maulkorbpflicht. Auch beim Tierarzt wird ein Maulkorb gegebenenfalls zum Schutz vor Bissverletzungen eingesetzt. Daher sollte auch Ihr Hund am besten schon frühzeitig an das Tragen eines Maulkorbs gewöhnt werden. Ein Maulkorbtraining ist bereits im Welpenalter möglich.

Voraussetzungen für einen geeigneten Maulkorb
Bevor Sie jedoch mit einem Maulkorbtraining beginnen können, ist es wichtig, dass Sie sich einen für Ihren Hund geeigneten Maulkorb anschaffen.

Auf Folgendes sollten Sie achten:

- **Hecheln und Trinken:** Es gibt Modelle (z.B. Nylonmaulkörbe und Maulschlaufen), die dem Hund das Hecheln und Trinken nicht ermöglichen. Diese dürfen nur für wenige Minuten zum Einsatz kommen. Trägt ein Hund nicht nur für ein paar Minuten, sondern über einen längeren Zeitraum einen Maulkorb, dürfen nur Modelle verwendet werden, die das Hecheln und Trinken ermöglichen.
- **Druck- und Scheuerstellen:** Es muss darauf geachtet werden, dass der Maulkorb weder Druck- noch Scheuerstellen verursacht. Es gibt Modelle, die zum Teil gepolstert sind. Gerade im Nasenrücken- und Backenbereich trägt die Polsterung zu einem besseren Tragekomfort bei. An Nasenspiegel und Fang darf der Maulkorb nicht aufliegen; daher ist in diesem Bereich auch keine Polsterung nötig.
- **Sicherheit:** Wichtig ist natürlich, dass der Maulkorb auch so sicher am Hund befestigt ist, dass es im Ernstfall zu keinen Bissverletzungen kommen kann. Das bedeutet beispielsweise, dass der Verschluss am Nackenriemen nicht ohne weiteres aufgehen darf. Außerdem muss der Maulkorb so fest sitzen, dass er nicht ohne Öffnen des Verschlusses abgestreift werden kann. Gegebenenfalls kann ein zusätzlicher Stirnriemen ein Abrutschen über die Schnauze verhindern. Auf keinen Fall sollten Finger durch den Maulkorb gesteckt werden.
- **Hygiene:** Ein Maulkorb sollte leicht zu reinigen sein.

Gittermaulkörbe aus Plastik sind für das prophylaktische Maulkorbtraining gut geeignet.

Das eigentliche Maulkorbtraining
Das Maulkorbtraining muss dem individuellen Lerntempo Ihres Hundes angepasst werden. Bis zum Ende der Gewöhnungsphase sollte Ihr Hund niemals mit dem Maulkorb unbeaufsichtigt gelassen werden und auch keine schlechten Erfahrungen während des Tragens machen.
Im Folgenden finden Sie ein Beispiel für ein Maulkorbtraining. Schritt 1 ist nicht bei jedem Hund nötig. Wenn Ihr Hund jedoch bereits Angstverhalten zeigt, wenn Sie einen Maulkorb in der Hand halten, sollte der Maulkorb zuerst in einer Entfernung präsentiert werden, in der Ihr Hund gerade noch kein Angstverhalten zeigt (Schritt 1). Sie sollten mehrmals am Tag (z.B. 4 × täglich) mit Ihrem Hund üben. Auch wenn das Maulkorbtraining abgeschlossen ist, sollten Sie Ihrem Hund weiterhin des Öfteren einen Maulkorb anlegen, damit er zu einem späteren Zeitpunkt kein Problem damit hat, einen solchen zu tragen.

Maulkorbtraining (Fortsetzung)

Beispiel für ein Training zur Gewöhnung an den Maulkorb

Schritt 1
- Legen Sie den Maulkorb in Ihre Wohnung. Spielen Sie mit Ihrem Hund oder machen Sie andere Dinge mit Ihrem Hund, die ihm gefallen, z.B. streicheln Sie ihn in Nähe des Maulkorbes. Achten Sie darauf, dass Ihr Hund positive Erfahrungen in Anwesenheit des Maulkorbes macht und kein Angstverhalten/Meideverhalten aufgrund des Maulkorbes zeigt.
- Lassen Sie den Maulkorb nur während des Trainings in der Wohnung in einem angemessenen Abstand zu Ihrem Hund liegen. Zeigt Ihr Hund Angstverhalten gegenüber dem Maulkorb, ist die Distanz zwischen Ihrem Hund und dem Maulkorb zu gering gewählt. In diesem Fall brechen Sie das Training dann ab und fahren Sie erst am nächsten Tag mit dem Training fort. Wählen Sie den Abstand zwischen Ihrem Hund und dem Maulkorb so, dass Ihr Hund gerade noch kein Angstverhalten zeigt.

Schritt 2
- Lassen Sie Ihren Hund aus dem Maulkorb, den Sie in Ihrer Hand halten, fressen. Anfänglich wird hierzu z.B. auf dem Rand des Maulkorbes Futter verteilt. Dann wird auch an der Innenseite des Maulkorbes Futter gegeben, damit der Hund seine Schnauze in den Maulkorb steckt. Das Futter wird immer tiefer im Maulkorb verteilt, damit der Hund seine Schnauze immer weiter hineinstecken muss, um an das Futter zu gelangen.
- Hierfür muss Futter verwendet werden, welches für den Hund sehr attraktiv ist. Es kann z.B. Leberwurst oder Frischkäse verwendet werden. Im Handel gibt es Fertigprodukte, wie etwa Leberwurst für Hunde in der Tube.
- Dies sollte so oft wiederholt werden, bis der Hund ruhig und entspannt aus dem Maulkorb frisst.
- Achten Sie darauf, dass nicht Sie Ihrem Hund den Maulkorb aufsetzen, sondern Ihr Hund selbstständig seine Schnauze in den Maulkorb steckt. Sie können hierbei sogar eine leichte Bewegung von Ihrem Hund wegmachen, sodass dieser noch mehr die Intention hat nach vorne zu gehen, um seine Schnauze selbstständig in den Maulkorb zu stecken.
- Steckt Ihr Hund seine Schnauze ohne Probleme bis ganz vorne in den Maulkorb, können Sie zum nächsten Trainingsschritt gehen.

Schritt 3
- Steckt Ihr Hund seine Schnauze freiwillig bis ganz vorne in den Maulkorb, sollte nun trainiert werden, dass er seine Schnauze über längere Zeit im Maulkorb lässt. Die Dauer sollte nach und nach nur in kleinen Schritten verlängert werden.
- Für das längere Verweilen im Maulkorb bekommt der Hund wiederum eine Belohnung. Hierfür können Sie durch das Gitter des Maulkorbes z.B. die Spitze einer Futtertube oder attraktive Futterstückchen stecken.
- Belässt der Hund die Schnauze mindestens eine Minute im Maulkorb, können Sie zum nächsten Trainingsschritt übergehen.

Schritt 4
- Im nächsten Schritt wird der Hund genauso wie an den vorherigen Tagen durch das Gitter des Maulkorbes gefüttert; nur mit dem Unterschied, dass der Riemen kurz (mehrmals pro Trainingseinheit für 5 – 10 Sekunden) an den Nacken gelegt wird, jedoch zunächst ohne ihn zu verschließen. Den Maulkorb halten Sie dabei weiterhin in Ihrer Hand.
- Achten Sie darauf, dass Sie auch bei diesem Schritt nicht dem Hund den Maulkorb aufsetzen, sondern Ihr Hund seine Schnauze freiwillig im Maulkorb belässt. Wichtig ist, dass der Hund keine Abwehrbewegungen oder Angst zeigt. Sollte dies der Fall sein, muss das Training in kleinere Trainingsschritte eingeteilt bzw. das Tempo gedrosselt werden.
- Kann der Nackenriemen ohne Probleme an den Nacken gelegt werden, kann der nächste Schritt erfolgen.

Schritt 5
- Der Maulkorb wird nun festgeschnallt. Hierfür wird der Riemen kurz verschlossen (mehrmals pro Trainingseinheit für 5–10 Sekunden). Der Maulkorb wird zunächst noch weiterhin festgehalten.
- Der Hund wird wie an den anderen Tagen mittels Futtergabe durch das Maulkorbgitter belohnt.

Schritt 6
- Die Zeit, in der der Riemen nun geschlossen ist, wird langsam ausgedehnt. Gleichzeitig wird auch die Hand vom Maulkorb genommen.
- Anfangs ist es hilfreich, mit Ihrem Hund Übungen durchzuführen, die er gut beherrscht – während er den Maulkorb trägt. Hiermit soll vermieden werden, dass Ihr Hund sich nicht auf den Maulkorb konzentriert und z.B. versucht, ihn abzustreifen.
- Zeigt der Hund Abwehrverhalten, muss das Training in kleineren Schritten erfolgen.

Schritt 7
- Der Hund sollte nun den Maulkorb immer für einige Minuten tragen, z.B. während sein Fressen vorbereitet wird, mit ihm gespielt wird oder jedes Mal, wenn es zum Spaziergang hinausgeht.
- Während des Spaziergangs wird der Maulkorb mehrfach wieder für kurze Zeit angezogen. Die Zeit des Tragens wird nach und nach verlängert.
- Der Hund wird für erwünschtes Verhalten weiterhin belohnt.

Schritt 8
- Die Zeiten des Tragens werden weiter ausgedehnt.
- Kann der Hund den Maulkorb problemlos eine halbe Stunde lang tragen, ist die Gewöhnung abgeschlossen.

Mit besten Empfehlungen überreicht durch:

10.4
Gewöhnung an Transportbox (Katze)

Gewöhnung an Transportbox (Katze)

Dorothea Döring, Barbara Schneider

Grundsätzliches

Zunächst einmal sollten Sie eine sinnvolle Transportbox auswählen. Der obere Teil sollte sich komplett abnehmen lassen. So kann die Katze leichter aus der Transportbox genommen oder sogar in der Unterwanne vom Tierarzt untersucht werden. Zudem muss die Box für Sie einfach zu tragen sein. Eine gute Transportbox ist zudem stabil. Erkundigen Sie sich bitte zusätzlich auch im Fachhandel, welches Modell verkehrssicher ist und im Fahrzeug gut befestigt werden kann.

Gewöhnungstraining

Die Transportbox sollte für Ihre Katze ein angenehmer Ort sein, an dem sie sich gerne aufhält. Dies erreichen Sie am besten durch ein langsames und ausführliches Gewöhnungstraining.

Es ist dabei wichtig, dass Sie immer in der Geschwindigkeit Ihres Tieres voranschreiten. Sie sollten damit rechnen, dass das Training auch einmal mehrere Wochen dauern kann. Lassen Sie sich aber dadurch nicht entmutigen.

Während der Trainingszeit sollte nach Möglichkeit kein „echter“ Transport stattfinden. Gehen Sie nur dann zum nächsten Schritt über, wenn Ihr Tier ruhig und entspannt bleibt. Zwingen Sie Ihr Tier nicht, sondern gehen Sie einen Schritt im Programm zurück und machen Sie kleinere Schritte, wenn Ihr Tier Angstverhalten zeigt. Sparen Sie nicht an Lob und Leckerbissen während des Trainings.

- Die Transportbox sollte für Ihre Katze ein ganz normales „Möbelstück“ werden, in dem sie sich sicher fühlt und in das sie gerne hineingeht. Daher sollte die Transportbox ständig zugänglich sein und offen in der Wohnung stehen. Holen Sie sie nicht nur dann hervor, wenn ein Transport bevorsteht.
- Die Transportbox sollte für Ihre Katze angenehm riechen. Streicheln Sie dazu Ihre Katze ausgiebig mit einem weichen Tuch am Gesicht und Körper. Streifen Sie dieses Tuch anschließend am Eingang der Transportbox ab, um den Geruch zu übertragen. Legen Sie das Tuch anschließend in die Box. Legen Sie die Lieblingsdecke, das Lieblingsspielzeug sowie besondere Leckerlis in die Box, damit Ihre Katze stärker motiviert ist, diese zu betreten.
- Katzen, die große Angst vor der Transportbox haben und sich ihr nicht freiwillig nähern, sollten in gewissem Abstand zu der Box gefüttert werden. Schritt für Schritt wird der Abstand zwischen Napf und Box dabei verringert – von Tag zu Tag nur wenige Zentimeter. Füttern Sie die Katze schließlich in der Box.
- Loben Sie Ihre Katze immer ausführlich, wenn sie sich der Box nähert oder diese gar betritt.
- Sobald sich Ihre Katze in der Box wohlfühlt und sie gerne betritt, ist es Zeit zum nächsten Schritt überzugehen. Schließen Sie kurz die Tür, wenn Ihre Katze in der Box ist. Achten Sie darauf die Türe sofort wieder zu öffnen. Loben Sie Ihre Katze. Steigern Sie in den nächsten Tagen schrittweise die Zeit, die die Box geschlossen ist, von einer Sekunde auf einige Minuten. Sorgen Sie dafür, dass Ihre Katze während dieser Zeit immer besondere Leckerbissen und ihr Lieblingsspielzeug in der Box zur Verfügung hat.
- Bleibt Ihre Katze nach einiger Zeit entspannt, wenn sie auf diese Art in der Transportbox „eingesperrt“ wird, dann sollten Sie den nächsten Schritt üben. Dabei wird die verschlossene Transportbox mit der Katze darin für eine Sekunde ein paar Zentimeter hoch gehoben. Loben Sie ruhiges Verhalten. Steigern Sie wieder täglich schrittweise die Zeit und die Höhe, die die Box gehoben bzw. getragen wird.
- Lässt sich die Katze entspannt in der Transportbox durch die Wohnung tragen, übt man mit ihr in kleinen Schritten das Verlassen des Hauses, das Einsteigen ins Auto, das Starten des Motors etc.
- Probieren Sie aus, ob Ihre Katze ruhiger ist, wenn sie aus der Box hinaussehen kann, oder wenn die Box mit einem Handtuch verdeckt ist.

Mit besten Empfehlungen überreicht durch:

10.5 Tabletteneingabe bei der Katze

Tabletteneingabe bei der Katze

Barbara Schneider

Wenn Ihre Katze regelmäßig Tabletten einnehmen muss, dann sollten Sie einiges beachten, um diesen Vorgang so angenehm wie möglich für Ihre Katze und auch für sich selbst zu gestalten.
Rufen Sie Ihre Katze nach Möglichkeit zu sich, um ihr Tabletten zu geben. Sie sollten sie auf keinen Fall mit Gewalt aus ihrem Versteck ziehen. Unterbrechen Sie Ihre Katze auch nicht beim Fressen, auf der Katzentoilette oder beim Putzen, um die Tabletten zu verabreichen.

Geeigneter Ort

Damit eine Tabletteneingabe zur angenehmen Routine wird, sollten Sie sich immer ein ruhiges, sicheres Plätzchen für diese Prozedur suchen, das auch für Sie eine angenehme Arbeitshöhe bietet. Eine mit einer warmen, weichen Decke ausgelegte Spüle (mit wenn möglich weggedrehtem Wasserhahn) kann beispielsweise ein guter Ort sein, um Katzen Medikamente einzugeben. Das Betreten der gepolsterten Spüle kann dafür auch mit Clickertraining gezielt trainiert werden.

Sie können Ihre Katze auch zu sich auf den Boden oder das Sofa setzen. Positionieren Sie Ihre Katze so, dass sie zwischen Ihren Oberschenkeln sitzt und der Kopf von Ihnen wegschaut. In dieser Position können sie Ihre Katze sanft mit den Oberschenkeln halten, und mit den Händen den Kopf für die Tabletteneingabe manipulieren. Bei etwas wehrhafteren Katzen sollten die Vorderbeine in einem Handtuch fixiert werden. Lassen Sie sich von Ihrem Tierarzt diese Vorgehensweise zeigen.

Tabletteneingabe

- Beachten Sie, dass die Nase Ihrer Katze zur Decke zeigen muss, wenn Sie eine Tablette eingeben wollen. So lässt sich das Maul leichter öffnen.
- Greifen Sie in die Lücke zwischen Reißzahn und dahinter liegendem Zahn. Mit dem Mittelfinger der zweiten Hand drücken Sie sanft den Unterkiefer nach unten, um das Maul zu öffnen. Gleichzeitig halten Sie die Tablette zwischen Zeige- und Mittelfinger. Wenn das Maul geöffnet ist, schieben Sie rasch die Tablette über den Zungengrund.
- Loben sie Ihre Katze im Anschluss an die Tablettengabe. Streicheln Sie Ihre Katze (wenn sie das mag) und spielen sie mit ihr. Beschäftigen Sie sich so lange mit Ihrer Katze, bis sie sich wieder vollkommen beruhigt hat.
- Loben Sie Ihre Katze insgesamt für jegliches ruhige und kooperative Verhalten mit Lob, Leckerlis oder Streicheln – je nachdem, was Ihre Katze bevorzugt.

Weitere Möglichkeiten

Es gibt verschiedene weitere Möglichkeiten, einer Katze Tabletten einzugeben. Probieren Sie aus, ob eine der folgenden Ideen bei Ihrer Katze funktioniert. **Fragen Sie jedoch immer vorab Ihren Tierarzt/Ihre Tierärztin, ob die gewünschte Methode für die verschriebenen Tabletten und Ihre Katze geeignet ist:**
- Besonders verfressene Katzen können ihre Tabletten im Futter erhalten, nachdem sie im Tablettenmörser zerkleinert wurden. Das Pulver kann evtl. auch mit einer Flüssigkeit angemischt und auf das Futter geträufelt werden. Achten Sie darauf, zunächst nur eine kleine Futterportion mit dem Medikament vorzubereiten. Erst wenn Ihre Katze das gesamte Futter mit der Medizin gefressen hat, sollte sie den Rest ihrer Portion erhalten.
- Schmackhafte Leckerbissen mit einer „Tasche", in der Tabletten versteckt werden können (z.B. Easypill® oder PillPockets®), sind für machen Katzen auch eine gute Option. Manche Produkte sind in unterschiedlichen Geschmacksrichtungen erhältlich.
- Ein Tabletteneingeber, wie er für wenige Euro im Fachhandel erhältlich ist, kann ebenfalls beim Verabreichen von Tabletten hilfreich sein. Die Tablette sollte mittig auf dem Zungengrund abgelegt werden. Achten Sie hierbei jedoch tunlichst darauf, das Gerät nicht zu tief in den Schlund einzuführen.
- Tabletten rutschen leichter den Schlund hinunter, und schmecken auch angenehmer für die Katze, wenn sie mit etwas Butter oder aber etwas Lachspaste umhüllt werden.
- Alternativ können Tabletten oder Tablettenstücke für das Verabreichen auch in Gelatinekapseln eingelegt werden; vor allem bei bitter schmeckenden Medikamenten empfiehlt sich eine solche Umhüllung.

Mit besten Empfehlungen überreicht durch:

10.6

Kleine Heimtiere: Gewöhnungstraining

Gewöhnungstraining kleine Heimtiere

Barbara Schneider

Da sich kleine Heimtiere überwiegend geruchlich orientieren und einen spezifischen Gruppengeruch haben, muss die Eingewöhnung eines weiteren Tieres sorgfältig und langsam erfolgen. Auf diese Weise werden Verletzungen und Stress vermieden.

Beim Gewöhnungstraining ist es wichtig, dass alle beteiligten Tiere immer entspannt bleiben und Auseinandersetzungen vermieden werden. Die Tiere müssen während des Trainings jeweils in tiergerecht ausgestatteten Käfigen untergebracht sein. Vor allem auf Versteckmöglichkeiten ist zu achten.

- Beide Käfige sollten zunächst in der kleinstmöglichen Entfernung, in der die Tiere gerade nicht aufeinander reagieren, aufgestellt werden.
- Täglich sollten zwischen beiden Käfigen ein paar Handvoll benutzter Streu ausgetauscht werden. Dies sollte mindestens zweimal täglich erfolgen.
- Schritt für Schritt (immer abhängig von den Reaktionen der beteiligten Tiere) werden die Käfige über mehrere Tage (nur immer wenige Zentimeter/Tag) näher zueinander geschoben. Wenn die Tiere gestresst aufeinander reagieren, muss der Abstand wieder vergrößert werden.
- In gezielten Trainingseinheiten sollten in Anwesenheit des jeweils anderen Tieres besonders schmackhafte Leckerbissen angeboten werden.
- Wenn es schließlich möglich ist, beide Käfige ohne Probleme direkt nebeneinander zu stellen, können Sie zum nächsten Schritt übergehen. Die Tiere dürfen nun auf neutralem Terrain (wo normalerweise keines der Tiere Freilauf hat) zusammengebracht werden. Es ist darauf zu achten, dass viele Ausweich- und Rückzugsmöglichkeiten vorhanden sind. Unterschlupfmöglichkeiten sollten immer über einen zweiten Ausgang verfügen. Vermeiden Sie Sackgassen! Die ersten Zusammenkünfte müssen von Ihnen immer direkt überwacht werden, damit Sie notfalls eingreifen und die Tiere trennen können.
- Funktioniert das Zusammenführen gut, kann über mehrere Tage schrittweise die Zeit ausgedehnt werden, in der die Tiere beisammen sind.
- Können die Tiere eine Stunde lang oder länger ohne Probleme zusammen sein, kann eine gemeinsame Haltung erfolgen. Der Käfig sollte dazu jedoch frisch gereinigt sein, damit er nicht nur nach einem bestimmten Tier bzw. einer bestimmten Gruppe riecht.

Verweilt ein Gruppenmitglied über längere Zeit in der Tierklinik, ändert sich dessen Geruch. Daher muss anschließend ein kleines Gewöhnungstraining durchgeführt werden, um den bekannten Gruppengeruch wiederherzustellen und so Problemen vorzubeugen. Häufig sind hier ein Geruchsaustausch und ein erstes gemeinsames Laufenlassen auf neutralem Terrain ausreichend.

Mit besten Empfehlungen überreicht durch:

© Georg Thieme Verlag KG – Stuttgart – New York – 2018. Schneider B, Döring D, Ketter D. Kleintiere stressarm behandeln. Handling – Beratung – Praxisgestaltung. 1. Aufl. – ISBN 978-3-13-242300-8

10.7
Kleine Heimtiere: Vorbereitung auf Tierarztbesuch

Kleine Heimtiere: Vorbereitung auf den Tierarztbesuch

Dorothea Döring

Sie können bereits im Vorfeld einiges tun, um Ihrem Heimtier den Besuch beim Tierarzt so stressarm wie möglich zu gestalten. Wenn Sie ausreichend Zeit haben, können Sie gezielt trainieren. Aber auch, wenn es eilig gehen muss, kann man Stresssituationen vorbeugen.

Vorab: Gewöhnung an die Transportbox

- Schaffen Sie eine Transportbox an, die groß genug ist, um nicht nur den Patienten, sondern auch die Partnertiere mitzunehmen. Der komplette Deckel sollte abnehmbar sein.
- Stellen Sie die Transportbox permanent in den Aufenthaltsbereich der Tiere, sodass sie wie ein Häuschen von ihnen benutzt wird. Legen Sie etwas benutzte Streu, weichen Zellstoff bzw. Küchenpapier oder ein altes Handtuch in die Box, sodass sie komfortabel ist.
- Sie können den Tieren den Aufenthalt in der Box schmackhaft machen, indem Sie darin besonders begehrtes Futter füttern (siehe Abbildung).
- Wenn die Tieren in der Box sind und fressen, können Sie ganz kurz die Tür schließen und anschließend gleich wieder öffnen. Im nächsten Schritt heben Sie die verschlossene Box einen Zentimeter hoch, setzen sie wieder ab und öffnen die Tür erneut. Nach und nach steigern Sie die Zeit des Türschließens und des Hochhebens und Herumtragens. Gehen Sie in so kleinen Schritten voran, dass die Tiere immer entspannt bleiben und weiterfressen.
- Üben Sie behutsam das Herumtragen, das Verladen ins Auto und auch das Autofahren. Füttern Sie immer begehrtes Futter bei den Übungen.

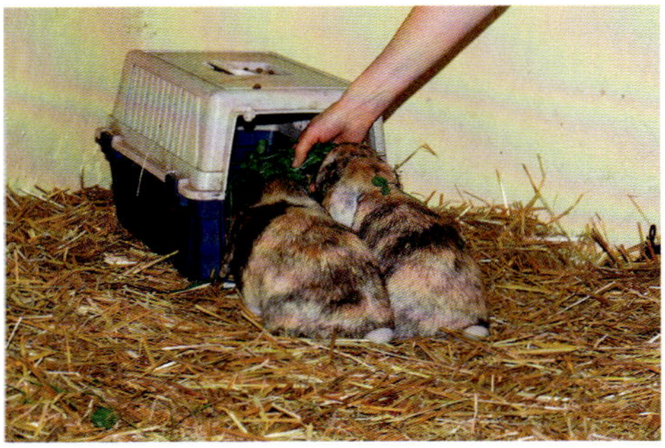

Die Tiere akzeptieren die Transportbox eher, wenn sie dort beliebtes Futter erhalten (Quelle: Stephan Vollmar, München).

Vorab: Gewöhnen Sie die Tiere an Anfassen und Hochheben

- Reiben Sie sich die Hände mit benutzter Streu (oder auch Urin) der Tiere ein.
- Zeigt das Tier bereits bei der Annäherung Fluchtverhalten, setzt man sich erst einmal ruhig vor den Käfig oder in das Gehege und füttert das Tier (notfalls zuerst durch das Gitter) mit begehrtem Futter. Frisst es nicht aus der Hand, kann man das Futter in die Nähe des Tieres legen und erst einmal ruhig abwarten.
- Nach und nach kann dann der Abstand des Futters zum Menschen verringert werden. Schritt für Schritt wird das Tier immer näher am Körper gefüttert, bis es aus der Hand frisst und schließlich auf dem Schoß oder neben Ihnen sitzt, um sein Futter zu fressen.
- Dabei ist zu beachten, dass das Tier nicht bedrängt wird, sondern dass Ihre Anwesenheit immer nur mit positiven Empfindungen verbunden wird. Dazu gehört auch, dass die Tiere nie zum Schmusen gezwungen werden, sondern nur gestreichelt werden, wenn sie freiwillig kommen.
- Sie können auch das Hochheben in kleinen Schritten und über den Einsatz von Belohnungen üben. Gehen Sie so behutsam vor, dass sich das Tier möglichst nicht beim Fressen stören lässt und alles entspannt mitmacht.
  Beispiel: Setzen Sie sich neben Ihr Heimtier. Umfassen Sie es sanft mit der einen Hand, während Sie es mit der anderen Hand mit Leckerbissen füttern. Im nächsten Trainingsschritt wird das Tier kurz am Vorderkörper leicht angehoben, während es weiter Leckerbissen frisst und das Hinterteil noch am Boden verbleibt. Nach und nach wird das Anheben gesteigert, bis das Tier kurz auf den Schoß gehoben werden kann. Haben Sie Geduld und gehen Sie in ganz kleinen Trainingsschritten voran.

Kleine Heimtiere: Vorbereitung auf den Tierarztbesuch (Fortsetzung)

Was Sie zum Tierarzt mitbringen sollten

- Nicht nur den Patienten, sondern auch die Partnertiere mitnehmen.
- Verwenden Sie eine Transportbox mit einem abnehmbaren Deckel, sodass die Tiere in der Praxis in der Unterwanne untersucht werden können.
- Geben Sie etwas benutze Kleintierstreu in die Transportbox sowie ein helles Handtuch oder weißes Küchenpapier. Dann kann der Tierarzt die Ausscheidungen der Tiere besser beurteilen. Bitte kein Heu oder Stroh in die Transportbox geben, da sich die Tiere daran die Augen verletzen könnten.
- Nehmen Sie auch separat noch etwas benutzte Streu (evtl. mit Urin und Kot) mit, in einer Tüte oder Dose. Damit kann sich der Tierarzt die Hände einreiben, bevor er die Transportbox öffnet. So riechen die Hände bereits vertrauenserweckend, bevor die Tiere angefasst werden.
- Nehmen Sie besonders begehrtes Futter mit, damit Sie das Tier bei der Untersuchung und Behandlung damit füttern können.
- Nehmen Sie ein Handtuch mit. Dieses sollte möglichst nach den Tieren riechen. Legen Sie es also vorher in den Aufenthaltsbereich der Tiere.

Was beim Transport und in der Tierarztpraxis zu beachten ist

- Hängen Sie das Handtuch über die Gittertür der Box.
- Halten Sie die Box beim Transport möglichst ruhig. Vermeiden Sie laute Geräusche.
- In der Praxis unbedingt Kontakt zu Hunden und Katzen vermeiden. Stellen Sie die Box erhöht ab, nicht auf den Boden.

Mit besten Empfehlungen überreicht durch:

10.8
Schmerzerkennung beim Kaninchen

Schmerzerkennung beim Kaninchen

Dorothea Döring

Grundsätzliches

In der Natur wäre es von Nachteil, würden sich kleine Beutetiere bei Schmerzen auffällig benehmen. Daher leiden Kaninchen stumm und unauffällig. Wir zeigen Ihnen, wie Sie Schmerzen bei Ihrem Tier erkennen können.

Körperliche Anzeichen und Verhalten bei Schmerzen

- Das Kaninchen trinkt und frisst weniger. Beobachten Sie es am Fressplatz!
- Das Tier setzt weniger oder keinen Kot ab und verliert an Gewicht. Wiegen Sie das Tier regelmäßig.
- Es frisst seinen Blinddarmkot nicht mehr. Kaninchen müssen diese zweite Sorte Kot (schleimige, glänzende Bällchen) direkt vom After aufnehmen. Dieses Verhalten ist wichtig für Kaninchen und geschieht meist unbeobachtet. Kontrollieren Sie den Afterbereich des Kaninchens: ist er verklebt, hängen evtl. die klebrigen Kügelchen daran?
- schnelle, flache Atmung oder „Bauchatmen“ (Atembewegungen am Bauch deutlich sichtbar)
- ungewöhnliche Körperhaltung: Hockhaltung oder Schonung eines schmerzenden Körperteils oder bei Bauchschmerzen gestrecktes seitliches Liegen
- halb geschlossene oder „matte“ Augen, ungerichteter Blick
- Tränenfluss mit Hervortreten der Nickhaut
- Lichtempfindlichkeit: Rückzug in dunkle Ecke
- Zähneknirschen
- Aggression eines sonst sanften Tieres
- durchdringende Schmerzlaute bei Berührung
- Ausreißen von Fell am eigenen Körper; das Tier verletzt sich selbst, indem es sich Wunden beißt
- Das Kaninchen putzt sich auffällig viel oder es putzt sich kaum mehr

Gesichtsausdruck

Am Gesichtsausdruck kann man erkennen, ob ein Kaninchen Schmerzen hat. Die folgende Beschreibung basiert auf dem „Rabbit Grimace Scale“, der von Keating und Mitarbeitern 2012 beschrieben wurde.

- **Augen**: Die Augenlider werden bei Schmerz geschlossen, evtl. die Augäpfel eingezogen, d.h., sie treten nicht so stark hervor.
- **Wangen**: Durch Anspannung der Muskeln plattet sich der eigentlich rund gewölbte Teil des vorderen Schnauzenbereichs ab.
- **Nasenform**: Die Nase nimmt statt einer U-Form eine V-Form an.
- **Position der Barthaare**: Normalerweise machen die Barthaare eine leichte Kurve nach unten. Bei Schmerzen werden sie entweder horizontal gestreckt oder nach hinten zu den Wangen gezogen.
- **Ohrposition**: Die Ohren werden bei Schmerzen eher nach hinten gelegt, näher an Rücken bzw. die Körperseiten genommen und werden eher eingefaltet oder röhrenartig eingerollt.

a

b

In der linken Abbildung (**a**) sehen Sie ein Kaninchen, das sich wohl fühlt, in der rechten Abbildung (**b**) eines, das unter Schmerzen leidet (Zeichnung: Dr. Dorothea Döring).

Literatur

Gärtner K, Militzer K. Zur Bewertung von Schmerzen, Leiden und Schäden bei Versuchstieren. Schriftenreihe Versuchstierkunde, Heft 14. Berlin, Hamburg: Verlag Paul Parey; 1993

Keating SC J, Thomas AA, Flecknell PA et al.: Evaluation of EMLA Cream for preventing pain during tattooing of rabbits: Changes in physiological, behavioural and facial expression responses. PLOS one 2012; 7, issue 9. DOI: 10.1371/journal.pone.0044437. www.plosone.org

Mit besten Empfehlungen überreicht durch:

10.9
Schmerzerkennung bei der Ratte

Schmerzerkennung bei der Ratte

Dorothea Döring

Grundsätzliches

In der Natur wäre es von Nachteil, würde sich ein kleines Beutetier bei Schmerzen auffällig benehmen. Daher leiden Ratten eher unauffällig. Wir zeigen Ihnen, wie Sie Schmerzen bei Ihrem Tier erkennen können.

Körperliche Anzeichen und Verhalten bei Schmerzen

- Aussehen: gesträubtes Fell, struppige Deckhaare, Haut bleich oder gelb; evtl. werden die Rückenmuskeln abgebaut, sodass das Rückgrat sichtbar hervortritt
- Körperhaltung und Bewegung: oft gekrümmte Stellung mit Kopf in Bauchgegend, verlängerte Liegedauer, verminderte Bewegung, bei Schmerzen im Bauchraum Anspannen der Bauchdecke und gestelzte Bewegungen, „watschelnder" Gang bei Umfangsvermehrungen im Bauchraum (Tumor oder Bauchwassersucht)
- Augen: halb oder fast geschlossene Augenlider, Tränenfluss, eingesunken wirkende Augäpfel
- Verhalten: anfangs aggressive Reaktionen (Beißen bei Berührung), später teilnahmslos, zieht sich zurück; gestörter Aktivitätsrhythmus, verminderte Futter- und Wasseraufnahme, zeigt kein Erkundungsverhalten mehr, Betrachten und Belecken oder Selbstbeschädigung schmerzender Körperteile; Kot- und Urinabsatz bei Angst
- Lautäußerungen: Schreie bei akuten Schmerzen, insbesondere bei Berührung
- Atmung: Frequenz erhöht, evtl. Niesen, Rasselgeräusche, roter Nasenausfluss
- Abnahme der Körpertemperatur
- Gewichtsabnahme. Bitte wiegen Sie Ihr Tier regelmäßig, wenn Sie den Verdacht haben, es ginge ihm nicht gut.

Gesichtsausdruck

Am Gesichtsausdruck kann man erkennen, ob eine Ratte Schmerzen hat. Die folgende Beschreibung basiert auf dem „Rat Grimace Scale", der von Sotocinal und Mitarbeitern 2011 beschrieben wurde.

- **Augen**: Die Augenlider werden teilweise oder komplett geschlossen.
- **Nasen- und Wangenabflachen**: Abflachen von Schnauzenbereich und Wangen bei zunehmendem Schmerz, Verstreichen der Falte zwischen Wange und Barthaarbereich
- **Ohrposition**: Die Ohren werden bei Schmerzen eher eingefaltet/eingerollt (Ohrenform wird dadurch eher spitz), der Abstand zwischen den Ohren erscheint evtl. vergrößert.
- **Position der Barthaare**: Bei Schmerzen werden die Barthaare nach vorne abgestellt (weg vom Gesicht).

a

b

In der linken Abbildung (**a**) sehen Sie eine Ratte, die sich wohl fühlt, in der rechten Abbildung (**b**) eine, die unter Schmerzen leidet (Zeichnung: Dr. Dorothea Döring).

Literatur
Gärtner K, Militzer K. Zur Bewertung von Schmerzen, Leiden und Schäden bei Versuchstieren. Schriftenreihe Versuchstierkunde, Heft 14. Berlin, Hamburg: Verlag Paul Parey; 1993
Sotocinal SG, Sorge RE, Zaloum A et al. The Rat Grimace Scale: A partially automated method for quantifying pain in the laboratory rat via facial expressions. Molecular pain 2011; 7: 55. http://www.molecularpain.com/content/7/1/55

Mit besten Empfehlungen überreicht durch:

Sachverzeichnis

L

M

N

O

P

Q

R

S

T

U